15 Pillole di Veganismo Etico: Come Fare Scelte Consapevoli per il Pianeta e gli Animali

INTRODUZIONE: IL VEGANISMO ETICO COME SCELTA DI VITA — 6

PILLOLA 1: L'IMPATTO AMBIENTALE DELL'ALLEVAMENTO INTENSIVO — 11

PILLOLA 2: LA SOFFERENZA ANIMALE NELL'INDUSTRIA ALIMENTARE — 18

PILLOLA 3: IL VEGANISMO COME SCELTA CONSAPEVOLE PER LA SALUTE PERSONALE — 25

PILLOLA 4: LA CONNESSIONE TRA VEGANISMO E GIUSTIZIA SOCIALE — 31

PILLOLA 5: COME SUPERARE LE DIFFICOLTÀ SOCIALI NEL FARE SCELTE VEGANE — 37

PILLOLA 6: VEGANISMO E MODA ETICA: COME EVITARE I PRODOTTI ANIMALI NELLA VITA QUOTIDIANA — 42

PILLOLA 7: IL VEGANISMO COME MOVIMENTO DI CONSUMO SOSTENIBILE — 48

PILLOLA 8: COME IL VEGANISMO PUÒ RIDURRE LA FAME NEL MONDO — 54

PILLOLA 9: VEGANISMO E BENESSERE MENTALE: COME LA SCELTA ETICA INFLUENZA LA TUA PSICHE   61

PILLOLA 10: MITI E FALSI STEREOTIPI SUL VEGANISMO
     67

PILLOLA 11: VEGANISMO E LATTICINI: PERCHÉ IL LATTE NON È COSÌ INNOCUO COME SEMBRA   75

PILLOLA 12: IL RUOLO DELLE POLITICHE PUBBLICHE NEL SOSTENERE IL VEGANISMO   82

PILLOLA 13: LA TRANSIZIONE VERSO UNA VITA VEGANA: COME FARE SCELTE SOSTENIBILI E GRADUALI
     89

PILLOLA 14: L'IMPATTO DEL VEGANISMO SULL'ECONOMIA GLOBALE   96

PILLOLA 15: L'IMPORTANZA DI EDUCARE E SENSIBILIZZARE: COME DIVENTARE UN AMBASCIATORE DEL VEGANISMO   103

CONCLUSIONE: IL POTERE DELLE SCELTE ETICHE PER CAMBIARE IL MONDO   109

Introduzione: Il Veganismo Etico come Scelta di Vita

In un mondo sempre più consapevole dell'impatto delle nostre azioni quotidiane, il veganismo emerge non solo come una scelta alimentare, ma come una filosofia di vita che abbraccia compassione, sostenibilità e responsabilità. Questo libro, "15 Pillole di veganismo etico", si propone di guidarvi attraverso un viaggio illuminante, esplorando come le nostre scelte possono influenzare profondamente il benessere degli animali, la salute del nostro pianeta e il tessuto della nostra società.

Il veganismo etico va ben oltre il semplice evitare prodotti di origine animale nel nostro piatto. È una lente attraverso la quale osserviamo e interagiamo con il mondo, un impegno a vivere in armonia con i nostri valori più profondi di compassione e rispetto per tutte le forme di vita. Questo approccio olistico ci invita a riconsiderare non solo ciò che mangiamo, ma anche cosa indossiamo, i prodotti che utilizziamo e le pratiche che sosteniamo nella nostra vita quotidiana.

Mentre il nostro pianeta affronta sfide ambientali senza precedenti, dalla crisi climatica alla perdita di biodiversità, il veganismo si presenta come una potente strategia per mitigare questi problemi. Riducendo la domanda di prodotti animali, possiamo diminuire significativamente l'impronta ecologica dell'industria alimentare, uno dei maggiori contributori al cambiamento climatico. Ogni pasto vegano è un piccolo atto di ambientalismo, un seme piantato per un futuro più verde e sostenibile.

Ma il veganismo etico non riguarda solo l'ambiente. Al cuore di questa filosofia c'è un profondo rispetto per la vita animale. Rifiutando di partecipare a industrie che sfruttano e causano sofferenza agli animali, facciamo una dichiarazione potente sul valore intrinseco di tutte le creature senzienti. Questa scelta ci connette a una compassione più ampia, estendendo il cerchio della nostra empatia oltre i confini della nostra specie.

Inoltre, abbracciare uno stile di vita vegano può avere un impatto significativo sulla nostra salute personale. Una dieta basata su piante, quando ben pianificata, può offrire tutti i nutrienti necessari per una vita sana e vibrante, riducendo al contempo il rischio di molte malattie croniche. Questo aspetto del veganismo ci ricorda che prenderci cura degli altri e del pianeta va di pari passo con il prenderci cura di noi stessi.

Il veganismo etico è anche intrinsecamente legato alla giustizia sociale. Le pratiche dell'industria animale spesso sfruttano le comunità più vulnerabili e perpetuano disuguaglianze globali. Scegliendo prodotti vegani, possiamo contribuire a un sistema alimentare più equo e sostenibile, che rispetti non solo gli animali ma anche i diritti umani e la dignità dei lavoratori.

Nelle pagine che seguono, esploreremo in dettaglio questi e molti altri aspetti del veganismo etico. Ogni "pillola" di questo libro è progettata per offrirvi una prospettiva nuova e stimolante, accompagnata da informazioni pratiche e azioni concrete che potete intraprendere nella vostra vita quotidiana.

Che siate già vegani, curiosi di esplorare questo stile di vita, o semplicemente interessati a fare scelte più consapevoli, questo libro vi fornirà gli strumenti per navigare il complesso panorama etico del nostro mondo moderno. Vi invitiamo a considerare ogni capitolo non come una prescrizione rigida, ma come un invito alla riflessione e all'azione.

Il viaggio verso un mondo più compassionevole e sostenibile inizia con piccoli passi. Ogni scelta che facciamo, ogni prodotto che acquistiamo, ogni pasto che consumiamo è un'opportunità per allineare le nostre azioni con i nostri valori. Il veganismo etico ci offre una bussola morale in questo viaggio, guidandoci verso un futuro in cui il benessere di tutti gli esseri viventi e del nostro pianeta è al centro delle nostre decisioni.

Mentre vi immergete nelle pagine di questo libro, vi incoraggiamo a mantenere una mente aperta e un cuore compassionevole. Lasciate che queste "pillole" di saggezza vegana vi ispirino, vi sfidino e vi motivino. Ricordate, il cambiamento inizia con noi stessi, ma il suo impatto si estende ben oltre, creando onde di positività che possono trasformare il mondo.

Benvenuti in questo viaggio di scoperta e trasformazione. Che le parole che seguono illuminino il vostro cammino verso scelte più etiche, consapevoli e gioiose per voi stessi, per gli animali e per il nostro prezioso pianeta.

Pillola 1: L'Impatto Ambientale dell'Allevamento Intensivo

Nel cuore della crisi climatica che il nostro pianeta sta affrontando, si cela un contribuente silenzioso ma significativo: l'industria dell'allevamento intensivo. Mentre il dibattito sul cambiamento climatico spesso si concentra su settori come i trasporti e l'energia, l'impatto ambientale dell'allevamento di animali per la produzione di carne e latticini rimane troppo spesso in secondo piano. Tuttavia, i dati parlano chiaro: questa industria è uno dei principali motori del degrado ambientale globale.

Iniziamo con la deforestazione, un problema che va ben oltre la perdita di alberi. Le foreste sono i polmoni del nostro pianeta, assorbendo CO_2 e producendo ossigeno. Eppure, vaste aree di foresta pluviale vengono sistematicamente rase al suolo per far spazio a pascoli per il bestiame o campi di soia destinati all'alimentazione animale. Secondo un rapporto del World Resources Institute, l'espansione dei terreni agricoli è responsabile di circa l'80% della deforestazione globale. Di questa percentuale, una parte significativa è direttamente collegata all'allevamento di bestiame.

La deforestazione non solo riduce la capacità del pianeta di assorbire CO_2, ma rilascia anche enormi quantità di carbonio immagazzinato negli alberi e nel suolo. È un doppio colpo per il nostro clima: perdiamo un alleato cruciale nella lotta contro il riscaldamento globale e, contemporaneamente, acceleriamo il processo.

Ma l'impatto dell'allevamento intensivo non si ferma qui. Consideriamo l'inquinamento dell'acqua. Gli allevamenti producono quantità enorme di rifiuti animali, spesso molto più di quanto il terreno circostante possa assorbire naturalmente. Questi rifiuti, ricchi di azoto e fosforo, finiscono nei corsi d'acqua, causando l'eutrofizzazione - un processo che porta alla proliferazione di alghe, esaurendo l'ossigeno nell'acqua e creando "zone morte" dove la vita acquatica non può sopravvivere. Un esempio eclatante è la vasta zona morta nel Golfo del Messico, in gran parte attribuibile al deflusso di nutrienti dall'agricoltura intensiva nel bacino del Mississippi.

L'uso dell'acqua è un altro aspetto critico. L'allevamento intensivo richiede quantità di acqua che sfidano l'immaginazione. Per produrre un solo chilo di carne bovina, sono necessari circa 15.000 litri d'acqua. Confrontiamo questo dato con i circa 300 litri necessari per produrre un chilo di verdure. In un mondo dove l'acqua dolce sta diventando una risorsa sempre più preziosa, questa disparità non può essere ignorata.

Passiamo ora alle emissioni di gas serra. Il settore zootecnico è responsabile di circa il 14,5% delle emissioni globali di gas serra di origine antropica, secondo la FAO. Questo è più dell'intero settore dei trasporti globale. Le fonti di queste emissioni sono multiple: il metano prodotto dalla digestione degli animali (particolarmente significativo per i ruminanti come mucche e pecore), l'ossido nitroso rilasciato dal letame e dai fertilizzanti, e la CO2 emessa dalla produzione di mangimi e dal trasporto degli animali e dei prodotti.

Il metano merita un'attenzione particolare. Pur rimanendo nell'atmosfera per un periodo più breve rispetto alla CO2, il suo potenziale di riscaldamento globale è 28 volte superiore in un arco di 100 anni. Ridurre le emissioni di metano potrebbe quindi avere un impatto rapido e significativo sul rallentamento del cambiamento climatico.

Di fronte a questi dati, potrebbe sembrare che la situazione sia senza speranza. Ma c'è una buona notizia: ognuno di noi ha il potere di fare la differenza, e il veganismo è uno degli strumenti più potenti a nostra disposizione.

Adottare una dieta vegana può ridurre l'impronta di carbonio individuale legata all'alimentazione fino al 73%, secondo uno studio pubblicato su Science. Questo non solo riduce direttamente le emissioni, ma libera anche vaste aree di terra che possono essere riforestate o utilizzate per coltivazioni più sostenibili, aumentando la capacità del pianeta di assorbire CO_2.

Inoltre, una dieta vegana richiede molto meno acqua e terreno rispetto a una dieta basata su prodotti animali. Uno studio dell'Università di Oxford ha scoperto che anche le diete vegetali meno sostenibili utilizzano meno acqua rispetto alle diete onnivore più sostenibili. Passare a una dieta vegana potrebbe ridurre l'uso di acqua dolce per la produzione alimentare di una persona fino al 55%.

Ma il veganismo non riguarda solo ciò che togliamo dal nostro piatto; riguarda anche ciò che aggiungiamo. Una dieta vegana ben pianificata può essere incredibilmente varia e nutriente, introducendoci a una gamma di alimenti a basso impatto ambientale che potremmo non aver mai considerato prima. Legumi, cereali integrali, frutta e verdura di stagione non solo sono ottimi per la nostra salute, ma anche per quella del pianeta.

È importante sottolineare che il passaggio al veganismo non deve essere un salto nel buio. Ogni passo verso una dieta più vegetale è un passo nella giusta direzione. Iniziare con un giorno senza carne alla settimana, o sostituire gradualmente i prodotti animali con alternative vegetali, può avere un impatto significativo nel tempo.

Inoltre, il veganismo ci rende consumatori più consapevoli. Iniziamo a leggere le etichette, a informarci sulla provenienza del nostro cibo e sul suo impatto ambientale. Questa consapevolezza si estende spesso ad altri aspetti della nostra vita, portandoci a fare scelte più sostenibili in generale.

In conclusione, l'impatto ambientale dell'allevamento intensivo è vasto e multiforme, dalla deforestazione all'inquinamento dell'acqua, dall'uso eccessivo di risorse alle emissioni di gas serra. Di fronte a questa realtà, il veganismo emerge non solo come una scelta alimentare, ma come una potente azione ambientale. Ogni pasto vegano è un voto per un pianeta più sano e sostenibile.

Mentre i governi e le grandi aziende hanno certamente un ruolo cruciale da svolgere nella lotta al cambiamento climatico, non dobbiamo sottovalutare il potere delle nostre scelte individuali. Il veganismo ci offre l'opportunità di allineare le nostre azioni quotidiane con i nostri valori ambientali, creando un impatto positivo con ogni boccone che mangiamo.

Ricordiamo sempre che il nostro pianeta non ha bisogno di un piccolo gruppo di persone che praticano il veganismo perfettamente, ma di milioni di persone che lo praticano imperfettamente. Ogni pasto conta, ogni scelta fa la differenza. Insieme, possiamo creare un futuro più verde, più compassionevole e più sostenibile per tutti gli abitanti del nostro prezioso pianeta blu.

Pillola 2: La Sofferenza Animale nell'Industria Alimentare

Dietro le confezioni lucide di carne, latticini e uova nei supermercati si cela una realtà spesso ignorata: la sofferenza su vasta scala degli animali nell'industria alimentare. Questa pillola ci porta in un viaggio attraverso le pratiche dell'allevamento intensivo, esplorando come queste influenzano il benessere degli animali e perché il veganismo offre una risposta etica a questa problematica.

L'allevamento intensivo, nato come risposta alla crescente domanda di prodotti animali a basso costo, ha trasformato gli animali da esseri senzienti a unità di produzione. Questo cambiamento di prospettiva ha portato a pratiche che privilegiano l'efficienza e la produttività a scapito del benessere animale.

Iniziamo con l'industria delle uova. Le galline ovaiole vivono tipicamente in gabbie talmente piccole da impedir loro di aprire le ali. Queste condizioni di sovraffollamento causano stress, comportamenti aggressivi e una moltitudine di problemi di salute. Anche nelle cosiddette "uova da allevamento a terra", le galline sono spesso stipate in capannoni sovraffollati, con poco o nessun accesso all'esterno.

Un aspetto particolarmente crudele di questa industria è il destino dei pulcini maschi. Poiché non possono produrre uova e non sono adatti alla produzione di carne, vengono generalmente uccisi poco dopo la nascita, spesso mediante triturazione o soffocamento.

Passiamo all'industria lattiero-casearia. Contrariamente alla credenza popolare, le mucche non producono latte costantemente. Come tutti i mammiferi, producono latte solo dopo aver partorito. Per mantenere la produzione di latte, le mucche vengono inseminate artificialmente ogni anno. I vitelli vengono separati dalle madri poco dopo la nascita, una pratica che causa estremo stress sia alla madre che al piccolo. I vitelli maschi, non utili per la produzione di latte, vengono spesso venduti per la produzione di carne.

Le mucche da latte moderne sono state selezionate geneticamente per produrre quantità di latte molto superiori a quelle naturali. Questa iperproduzione porta a frequenti infezioni delle mammelle (mastiti) e altri problemi di salute. Quando la produzione di latte diminuisce, di solito intorno ai 5 anni di età (ben al di sotto della loro aspettativa di vita naturale di 20 anni o più), le mucche vengono mandate al macello.

L'industria della carne presenta alcune delle pratiche più controverse. I maiali, animali altamente intelligenti e sociali, vivono spesso in spazi ristretti su pavimenti di cemento, privati della possibilità di esprimere comportamenti naturali come il grufolare o costruire nidi. Le scrofe da riproduzione vengono spesso confinate in gabbie così strette da non potersi girare.

I polli da carne sono stati selezionati geneticamente per crescere a un ritmo innaturalmente veloce, raggiungendo il peso di macellazione in appena 6-7 settimane. Questa rapida crescita causa gravi problemi di salute, inclusi insufficienza cardiaca e deformità scheletriche. Molti di questi animali trascorrono la loro breve vita in condizioni di sovraffollamento, con poco spazio per muoversi.

Anche il trasporto e la macellazione degli animali sono fonte di grande stress e sofferenza. Gli animali vengono spesso trasportati per lunghe distanze in condizioni di sovraffollamento, esposti a temperature estreme e privati di cibo e acqua. Al macello, nonostante le normative sul benessere animale, gli errori nel processo di stordimento non sono rari, portando alcuni animali a essere macellati mentre sono ancora coscienti.

Di fronte a questa realtà, il veganismo emerge come una risposta etica, un rifiuto di partecipare a un sistema che tratta gli animali come merci anziché come esseri senzienti. Scegliendo prodotti vegani, non solo evitiamo di contribuire direttamente a queste pratiche, ma inviamo anche un potente messaggio al mercato sulla domanda di alternative più etiche.

È importante notare che il veganismo non riguarda solo l'eliminazione dei prodotti animali dalla propria dieta. È una filosofia che si estende a tutti gli aspetti della vita, inclusi abbigliamento, cosmetici e intrattenimento. Rifiutando di utilizzare prodotti testati su animali o di partecipare ad attività che sfruttano gli animali per divertimento, i vegani cercano di vivere in modo coerente con i propri valori di compassione e rispetto per tutte le forme di vita.

Il passaggio al veganismo può sembrare un compito arduo, ma è importante ricordare che ogni piccolo passo conta. Iniziare sostituendo gradualmente i prodotti animali con alternative vegetali può fare una grande differenza. Con l'aumento della domanda di prodotti vegani, il mercato sta rispondendo con una gamma sempre più ampia di opzioni deliziose e nutrienti.

Inoltre, il veganismo non significa necessariamente rinunciare ai sapori che amiamo. Molti chef e aziende alimentari stanno sviluppando alternative vegetali che mimano il gusto e la consistenza dei prodotti animali, rendendo la transizione più facile che mai.

È anche fondamentale ricordare che il veganismo non è solo una scelta personale, ma un potente strumento di cambiamento sociale. Condividendo informazioni sulle pratiche dell'industria alimentare e mostrando quanto può essere appetitosa e soddisfacente una dieta vegana, possiamo ispirare altri a fare scelte più compassionevoli.

Il veganismo ci offre l'opportunità di allineare le nostre azioni con i nostri valori di compassione e rispetto per la vita. Ci permette di vivere in modo coerente con la convinzione che gli animali non sono qui per noi, ma con noi, meritevoli di una vita libera dalla sofferenza e dallo sfruttamento.

In conclusione, la sofferenza animale nell'industria alimentare è vasta e sistemica. Tuttavia, non dobbiamo sentirci impotenti di fronte a questa realtà. Il veganismo ci offre un modo tangibile per fare la differenza, per essere il cambiamento che vogliamo vedere nel mondo. Ogni pasto vegano è una dichiarazione di compassione, un passo verso un mondo più gentile e rispettoso per tutti gli esseri senzienti.

Ricordiamo sempre che il cambiamento inizia con noi stessi. Ogni volta che scegliamo un'alternativa vegana, stiamo votando per un mondo più compassionevole. Non sottovalutiamo mai il potere delle nostre scelte quotidiane. Insieme, possiamo creare un futuro in cui il rispetto e la considerazione per gli animali siano la norma, non l'eccezione.

Pillola 3: Il Veganismo come Scelta Consapevole per la Salute Personale

"Lascia che il cibo sia la tua medicina e la medicina sia il tuo cibo." Questa saggezza, attribuita a Ippocrate, il padre della medicina occidentale, risuona ancora oggi, specialmente quando parliamo di veganismo e salute.

Ma cosa dice realmente la scienza moderna sul legame tra dieta vegana e benessere? Immergiamoci in questo affascinante mondo, dove le verdure non sono più relegate al ruolo di contorno, ma diventano le protagoniste di una rivoluzione sanitaria.

Immaginate di poter ridurre il rischio di malattie cardiache, la principale causa di morte nel mondo occidentale. Sembra un sogno? Eppure, uno studio pubblicato sul Journal of the American Heart Association rivela che i vegani hanno un rischio inferiore del 25% di sviluppare malattie cardiache rispetto ai non vegani. Come mai? Il segreto sta nella minore assunzione di grassi saturi e colesterolo, abbinata a un maggiore consumo di fibre, antiossidanti e composti vegetali benefici.

Ma non è tutto oro quel che luccica, direte voi. E le proteine? Non temete! Contrariamente al mito popolare, una dieta vegana ben pianificata può fornire tutte le proteine necessarie. Legumi, noci, semi e cereali integrali sono eccellenti fonti proteiche. Inoltre, combinando sapientemente questi alimenti, si possono ottenere proteine complete, contenenti tutti gli aminoacidi essenziali.

Passiamo ora alla pressione sanguigna. Immaginate di poter abbassare la vostra pressione senza ricorrere a farmaci. Uno studio pubblicato su JAMA Internal Medicine ha dimostrato che una dieta vegana può ridurre la pressione sistolica di ben 4,1 mmHg e la diastolica di 4,0 mmHg. Questi numeri possono sembrare piccoli, ma hanno un impatto significativo sulla salute cardiovascolare a lungo termine.

E che dire del diabete di tipo 2, una delle epidemie del nostro secolo? Una meta-analisi pubblicata su PLOS Medicine ha rivelato che le diete vegetali, in particolare quelle vegane, sono associate a un minor rischio di sviluppare questa malattia. La magia sta nella combinazione di fibre, antiossidanti e basso indice glicemico tipici di molti alimenti vegani.

Ma attenzione! Non tutti i cibi vegani sono creati uguali. Un'alimentazione basata su patatine fritte e bibite gassate può tecnicamente essere vegana, ma difficilmente sarà salutare. La chiave sta nella scelta di alimenti integrali, non processati e ricchi di nutrienti.

Parliamo ora di peso. In un'epoca in cui l'obesità è una preoccupazione globale, la dieta vegana emerge come un potenziale alleato. Uno studio pubblicato sul Journal of Geriatric Cardiology ha mostrato che i vegani tendono ad avere un indice di massa corporea più basso rispetto ai non vegani. Questo non solo per le calorie generalmente più basse dei cibi vegetali, ma anche per il maggior senso di sazietà dato dalle fibre.

E cosa dire del microbioma, quel vasto ecosistema di batteri che vive nel nostro intestino e influenza ogni aspetto della nostra salute? Una dieta ricca di fibre vegetali nutre i "buoni" batteri intestinali, promuovendo una flora batterica diversificata e salutare. Questo può tradursi in un sistema immunitario più forte, un umore migliore e persino una pelle più luminosa.

Attenzione però: come in ogni dieta, anche in quella vegana ci sono potenziali carenze da monitorare. La vitamina B12, ad esempio, si trova naturalmente solo in alimenti di origine animale. Fortunatamente, molti alimenti vegani sono fortificati con B12, e gli integratori sono ampiamente disponibili e efficaci.

Altro nutriente da tenere d'occhio è il ferro. Sebbene molti alimenti vegetali ne siano ricchi, il ferro vegetale (non-eme) è meno assorbibile di quello animale (eme). La soluzione? Abbinare alimenti ricchi di ferro a fonti di vitamina C, che ne aumenta l'assorbimento. Un'insalata di spinaci con peperoni rossi? Ecco servito un pasto ricco di ferro facilmente assimilabile!

Non dimentichiamoci degli omega-3, fondamentali per la salute cerebrale e cardiovascolare. Mentre il pesce è noto per esserne ricco, anche le noci, i semi di lino e le alghe sono ottime fonti vegetali.

Ma forse il beneficio più sottovalutato di una dieta vegana è l'opportunità di esplorare un nuovo mondo culinario. Provare nuovi alimenti, sperimentare con spezie ed erbe, scoprire sapori inaspettati: tutto questo non solo nutre il corpo, ma stimola anche la mente e ravviva lo spirito.

In conclusione, la scienza ci mostra chiaramente che una dieta vegana ben pianificata può essere non solo adeguata, ma addirittura vantaggiosa per la nostra salute. Riduzione del rischio di malattie croniche, migliore controllo del peso, un microbioma più sano: i benefici sono molteplici e ben documentati.

Tuttavia, come in ogni aspetto della vita, la chiave sta nell'equilibrio e nella consapevolezza. Una dieta vegana non è automaticamente salutare: richiede conoscenza, pianificazione e, perché no, un po' di creatività in cucina.

Il veganismo non è solo una dieta, ma un viaggio. Un viaggio verso una maggiore consapevolezza di ciò che mettiamo nel nostro corpo, di come questo influenza la nostra salute e, in ultima analisi, di come le nostre scelte alimentari impattano sul mondo che ci circonda.

Quindi, la prossima volta che vi sedete a tavola, ricordate: ogni boccone è un'opportunità. Un'opportunità per nutrire il vostro corpo, certo, ma anche per alimentare la vostra salute, il vostro benessere e, perché no, un futuro più sostenibile per tutti noi.

Buon appetito, e buon viaggio nel meraviglioso mondo del veganismo!

Pillola 4: La Connessione tra Veganismo e Giustizia Sociale

A prima vista, il veganismo potrebbe sembrare solo una scelta alimentare personale. Un'innocua preferenza per i broccoli invece del bacon, per il tofu al posto del tacchino. Ma scavando più a fondo, emerge una verità sorprendente: il veganismo è intrinsecamente legato alla giustizia sociale. Come? Preparatevi a un viaggio che collega il vostro piatto alle più ampie questioni di equità e giustizia nel mondo.

Pensate per un momento all'industria della carne. Immagini di pascoli verdi e fattorie idilliache potrebbero venirvi in mente. La realtà? Spesso è ben diversa. Dietro le quinte di questa industria multimiliardaria si nasconde una rete di sfruttamento che va ben oltre gli animali.

Chi lavora nei mattatoi? In molti paesi, sono spesso immigrati, minoranze etniche o individui provenienti da comunità economicamente svantaggiate. Le condizioni di lavoro? Tutt'altro che ideali. Tassi di infortunio elevati, salari bassi, turni estenuanti. Un rapporto di Human Rights Watch ha evidenziato come i lavoratori dell'industria della carne negli Stati Uniti subiscano tassi di lesioni tre volte superiori alla media nazionale del settore manifatturiero.

Ma non fermiamoci qui. Allarghiamo lo sguardo. L'industria dell'allevamento intensivo non solo sfrutta i lavoratori, ma impatta pesantemente sulle comunità circostanti. Pensate all'inquinamento. I grandi allevamenti producono quantità enormi di rifiuti, che spesso finiscono per contaminare l'acqua e l'aria delle comunità vicine. E indovinate un po'? Queste strutture sono sproporzionatamente situate vicino a comunità a basso reddito e di colore.

Spostiamoci ora su scala globale. L'allevamento intensivo richiede vaste aree di terra. Dove vengono trovate? Spesso nei paesi in via di sviluppo. Foreste vengono rase al suolo per far spazio a pascoli o coltivazioni di soia destinate all'alimentazione animale. Le comunità indigene? Spesso vengono sfollate, private delle loro terre ancestrali e dei loro mezzi di sussistenza tradizionali.

E l'acqua? L'industria della carne ne è assetata. Per produrre un solo hamburger servono circa 2.400 litri d'acqua. Pensateci: in molte parti del mondo, le persone lottano per avere accesso all'acqua potabile, mentre enormi quantità vengono dirottate per produrre carne per i mercati dei paesi ricchi.

Ma il veganismo non è solo un "no" a queste ingiustizie. È un potente "sì" a un sistema alimentare più equo e sostenibile. Come? Immaginate un mondo in cui le terre ora utilizzate per l'allevamento venissero riconvertite per la produzione di colture destinate direttamente al consumo umano. Potremmo nutrire molte più persone con meno risorse.

Non è fantascienza. Uno studio pubblicato su Nature ha calcolato che se tutti passassero a una dieta vegana, la terra agricola globale potrebbe ridursi del 75%. Pensate alle implicazioni: più terra per la natura, più cibo per tutti, meno pressione sulle risorse idriche.

Il veganismo sfida anche le dinamiche di potere nel sistema alimentare globale. L'industria della carne è dominata da poche grandi corporazioni che spesso hanno un potere sproporzionato sulle politiche alimentari e agricole. Una dieta basata su piante, specialmente se focalizzata su prodotti locali e stagionali, può contribuire a democratizzare il nostro sistema alimentare.

Ma attenzione: il veganismo da solo non è una panacea per tutte le ingiustizie sociali. Anche nel mondo vegano esistono problemi. Pensate al "quinoa-gate": quando la domanda di quinoa è esplosa nei paesi occidentali, i prezzi sono saliti alle stelle, rendendo questo alimento base inaccessibile per molte comunità andine che lo coltivavano da secoli.

Ecco perché è cruciale abbracciare un "veganismo intersezionale". Questo approccio riconosce che le lotte per i diritti degli animali, la giustizia ambientale e la giustizia sociale sono interconnesse. Non si tratta solo di evitare prodotti animali, ma di fare scelte consapevoli che supportino un sistema alimentare equo e sostenibile per tutti.

Cosa possiamo fare, quindi? Ecco alcuni spunti:

1. Educatevi: Imparate di più sulle connessioni tra il vostro cibo e le questioni di giustizia sociale.
2. Supportate l'agricoltura locale: Quando possibile, acquistate da piccoli produttori locali.
3. Fate sentire la vostra voce: Sostenete politiche che promuovano un sistema alimentare più equo e sostenibile.
4. Siate inclusivi: Riconoscete che il veganismo può sembrare inaccessibile per alcune comunità. Lavorate per rendere le opzioni vegane più accessibili e culturalmente rilevanti.
5. Pensate olisticamente: Considerate non solo cosa mangiate, ma anche da dove proviene il vostro cibo e chi lo ha prodotto.

Il veganismo, visto attraverso questa lente, diventa molto più di una scelta alimentare. È un atto di resistenza contro un sistema alimentare ingiusto. È una dichiarazione di solidarietà con i lavoratori sfruttati, le comunità emarginate e l'ambiente. È un voto per un futuro in cui il cibo nutre non solo i nostri corpi, ma anche la giustizia e l'equità nel mondo.

Ricordate: ogni volta che scegliete un pasto vegano, state facendo una scelta che risuona ben oltre il vostro piatto. State contribuendo a plasmare un mondo più giusto, equo e sostenibile per tutti. Non è solo cibo: è una rivoluzione a tavola.

Quindi, la prossima volta che qualcuno vi chiede perché siete vegani, potreste rispondere: "Per la giustizia". Perché scegliere vegano non è solo una scelta per gli animali o per la salute. È una scelta per un mondo migliore, più equo e più giusto per tutti noi.

Pillola 5: Come Superare le Difficoltà Sociali nel Fare Scelte Vegane

"Ehi, ma cosa mangi?"
"Non ti manca la carne?"
"Come fai a vivere senza formaggio?"

Se sei vegano, probabilmente hai sentito queste domande più volte di quante ne puoi contare. Benvenuto nel club! La verità? Il veganismo non è solo una scelta alimentare, è una vera e propria avventura sociale. Ma non preoccuparti, abbiamo la mappa del tesoro per navigare queste acque talvolta agitate.

Scenario 1: La Cena di Famiglia

Immagina: è Natale. Il tavolo è imbandito. L'aroma del tacchino riempie l'aria. E tu sei lì, con il tuo piatto di quinoa e verdure grigliate. La zia Marta ti guarda come se fossi appena atterrato da Marte.

Soluzione? Preparati in anticipo! Offri di portare un piatto vegano da condividere. Chi lo sa, potresti convertire qualcuno con il tuo stufato di lenticchie. E ricorda: un sorriso e un "Grazie, ma preferisco questo" possono fare miracoli.

Scenario 2: L'Uscita con gli Amici

"Andiamo in quella nuova steakhouse!"
Il tuo cuore affonda. Ma aspetta! Non è il momento di nascondersi in un angolo con una mela.

Strategia vincente? Sii proattivo. Suggerisci alternative. Molti ristoranti oggi offrono opzioni vegane. E se proprio non c'è scelta? Chiama in anticipo, parla con lo chef. Potresti rimanere sorpreso dalla loro disponibilità a creare qualcosa di speciale per te.

Scenario 3: Il Collega Curioso (e un po' Scettico)

"Ma da dove prendi le proteine?"
Ah, la domanda delle proteine. Un classico!

Come gestirla? Con fatti e un pizzico di umorismo. "Beh, gli stessi posti dove le prendono gli elefanti e i gorilla!" Segui con informazioni concrete sui legumi, i semi, il tofu. L'educazione è potente, ma ricorda: non sei obbligato a tenere una lezione ogni volta che mangi un'insalata.

Scenario 4: Il Primo Appuntamento

Il momento della verità: scegliere il ristorante per il primo appuntamento. Panico? Niente affatto!

Approccio vincente: sii onesto fin dall'inizio. Suggerisci un posto con opzioni per tutti. E ricorda, il veganismo può essere un ottimo argomento di conversazione. Chi sa, potresti scoprire di avere più in comune di quanto pensassi!

Scenario 5: Il Viaggio di Lavoro

Sei in trasferta. Il team vuole provare la "specialità locale". Che guarda caso è un enorme hamburger.

Piano d'azione? Ricerca in anticipo. Apps come HappyCow possono essere il tuo salvagente. E se ti trovi in difficoltà? La maggior parte dei ristoranti può preparare un piatto di verdure e cereali su richiesta. Non avere paura di chiedere!

Consigli Generali per Navigare le Acque Sociali del Veganismo:

1. Educati: Più sai, più sarai confidente nelle tue scelte e capace di rispondere alle domande.

2. Sii Paziente: Ricorda, molte persone non sono familiari con il veganismo. La tua pazienza può aprire porte.

3. Porta Snack: Avere sempre con te frutta secca o barrette può salvarti in situazioni impreviste.

4. Usa l'Umorismo: A volte, una battuta può dissipare la tensione meglio di mille spiegazioni.

5. Sii Flessibile: In alcune situazioni, potresti dover fare del tuo meglio con le opzioni disponibili.

6. Condividi, Non Predicare: Offri agli altri di assaggiare il tuo cibo. Lascia che la bontà parli da sé!

7. Trova Alleati: Connettiti con altri vegani. Avere una rete di supporto può fare la differenza.

8. Sii un Esempio Positivo: Mostra come il veganismo possa essere gioioso e delizioso.

Ricorda, ogni sfida sociale è un'opportunità. Un'opportunità per educare, per ispirare, per crescere. E chi lo sa? Forse la prossima volta che qualcuno ti chiederà "Ma cosa mangi?", risponderai con un sorriso: "Vuoi assaggiare e scoprirlo?"

Il veganismo è un viaggio, non una destinazione. E come ogni grande viaggio, è pieno di incontri interessanti, sfide inaspettate e, soprattutto, crescita personale. Quindi allaccia le cinture, prepara il tuo hummus fatto in casa, e goditi il ride. Perché essere vegano in un mondo non-vegano? È un'avventura che vale la pena vivere!

Pillola 6: Veganismo e Moda Etica: Come Evitare i Prodotti Animali nella Vita Quotidiana

Immaginate di svegliarvi una mattina e di iniziare la vostra solita routine. Vi alzate, fate colazione, vi vestite, vi truccate e uscite di casa. Sembra una giornata come tante altre, vero? Ma fermiamoci un attimo a riflettere: avete mai pensato a quanti prodotti di origine animale potreste aver utilizzato in questi semplici gesti quotidiani, senza nemmeno rendervene conto?

Il veganismo, lo sappiamo, va ben oltre le scelte alimentari. È uno stile di vita che cerca di escludere, per quanto possibile e praticabile, tutte le forme di sfruttamento e crudeltà verso gli animali. E questo include anche ciò che indossiamo, i prodotti che utilizziamo per la cura personale e gli oggetti che ci circondano nella vita di tutti i giorni.

Partiamo dal guardaroba. Aprite l'armadio e date un'occhiata attenta. Quella giacca di pelle? Un tempo era una mucca. Le scarpe di camoscio? Probabilmente provengono da un cervo. E quel morbido maglione di lana merino? Beh, immaginate un gregge di pecore tosate fino all'osso. Non è una visione piacevole, vero?

Ma non disperate! Il mondo della moda vegana sta vivendo un vero e proprio boom, offrendo alternative etiche e sostenibili che non hanno nulla da invidiare ai loro equivalenti di origine animale. Prendiamo la pelle, ad esempio. Oggi esistono materiali innovativi come il Piñatex, fatto dalle fibre dell'ananas, il cuoio di fungo o addirittura il cuoio di cactus. Sono materiali che non solo evitano lo sfruttamento animale, ma spesso hanno anche un impatto ambientale inferiore rispetto alla pelle tradizionale.

E la lana? Molti pensano che la produzione di lana non faccia male alle pecore, ma la realtà è più complessa. L'industria della lana è spesso associata a pratiche crudeli come il mulesing. Fortunatamente, esistono molte alternative calde e confortevoli. Il cotone organico, il bambù, il lino e la canapa sono tutte opzioni valide. Per i maglioni più pesanti, potreste optare per il pile di poliestere riciclato o per fibre innovative come il Tencel o il Modal.

Passiamo alla seta. Sapevate che per produrre un chilo di seta vengono uccisi circa 6.600 bachi da seta? È una cifra impressionante. Ma non temete, amanti dei tessuti morbidi e lucenti! Materiali come il cupro, il modal e persino la seta di ragno sintetica (sì, esiste davvero!) sono qui per offrire alternative etiche e lussuose.

Le scarpe possono essere un vero e proprio campo minato di prodotti animali: pelle, colla di origine animale, persino alcuni coloranti. Ma marchi come Beyond Skin, Brave GentleMan e Veja stanno cambiando le regole del gioco, offrendo calzature alla moda e completamente vegane.

E che dire del make-up? Quel rossetto che amate tanto potrebbe contenere carminio, un colorante rosso ottenuto da insetti schiacciati. Il vostro mascara preferito potrebbe essere stato testato su animali. Ma non preoccupatevi, il mercato del make-up vegano e cruelty-free sta letteralmente esplodendo. Marchi come Kat Von D, Too Faced e Hourglass offrono prodotti di alta qualità senza compromettere l'etica.

Il segreto per una vita quotidiana veramente vegana? La consapevolezza. Leggere le etichette, fare domande, essere curiosi. Ci sono alcuni ingredienti che potreste voler tenere d'occhio: la lanolina, che proviene dalle pecore, la cera d'api, lo squalene (spesso ottenuto dal fegato di squalo) e il collagene (derivato da tessuti animali).

Ricordate sempre che ogni acquisto è un voto. Quando scegliete prodotti vegani, state mandando un messaggio potente all'industria. State dicendo: "Voglio moda etica. Voglio prodotti che non causino sofferenza."

Certo, ci sono delle sfide da affrontare. Alcuni prodotti vegani possono essere più costosi, ma pensate a questo come a un investimento in pezzi di qualità che durano nel tempo. E con l'aumento della domanda, i prezzi stanno diventando sempre più accessibili.

A volte può essere difficile trovare alternative vegane nei negozi tradizionali. Ma lo shopping online viene in nostro soccorso! Ci sono siti specializzati che offrono guide e prodotti vegani, rendendo la ricerca molto più semplice.

Potreste chiedervi: "Ma questi prodotti vegani dureranno quanto quelli tradizionali?" La risposta è sì. Molte alternative vegane sono altamente durevoli e, con la ricerca in corso, la qualità migliora costantemente.

La moda vegana non è solo un trend passeggero. È una vera e propria rivoluzione. È il futuro. Con innovazioni continue e una crescente consapevolezza dei consumatori, stiamo assistendo a un cambiamento radicale nell'industria.

Immaginate di avere un guardaroba che non solo vi fa sentire fantastici, ma vi permette anche di camminare a testa alta, sapendo che le vostre scelte stanno facendo la differenza. Perché la vera bellezza non è solo nell'aspetto. È nelle scelte che facciamo. È nel rispetto che mostriamo per tutti gli esseri viventi.

Quindi, la prossima volta che vi vestite al mattino, ricordate: ogni capo, ogni accessorio, ogni pennellata di make-up è un'opportunità. Un'opportunità per allineare i vostri valori con le vostre azioni. Per essere ambasciatori di compassione in un mondo che ne ha disperatamente bisogno.

Siete pronti a rivoluzionare il vostro guardaroba e la vostra routine quotidiana? Il mondo vegano vi sta aspettando, in tutta la sua gloria etica e alla moda. Avanti, fate il primo passo. Il pianeta, gli animali e il vostro senso di stile vi ringrazieranno!

Pillola 7: Il Veganismo come Movimento di Consumo Sostenibile

Immagina di entrare in un supermercato. Gli scaffali sono pieni di prodotti, le luci brillanti, la musica di sottofondo. Sembra una scena ordinaria, vero? Ma ora, prova a guardare più da vicino. Ogni prodotto su quegli scaffali racconta una storia. Una storia di risorse, di produzione, di trasporto. Una storia che, troppo spesso, ha un impatto negativo sul nostro pianeta.

È qui che entra in gioco il veganismo. Non solo come scelta alimentare, ma come vero e proprio movimento di consumo sostenibile. Perché essere vegani non significa solo evitare la carne, il latte o le uova nel proprio piatto. Significa abbracciare una filosofia di vita che pone al centro il rispetto per l'ambiente, per gli animali e per le persone.

Ma come si traduce tutto questo nelle nostre scelte quotidiane di consumo? Iniziamo dal cibo, il cuore pulsante del veganismo. Scegliere alimenti vegetali non è solo una questione di compassione verso gli animali. È una scelta che ha un impatto enorme sull'ambiente. La produzione di carne e latticini richiede enormi quantità di terra, acqua ed energia. Pensate che per produrre un solo hamburger servono circa 2.400 litri d'acqua! Al contrario, le colture vegetali richiedono molto meno risorse e producono meno emissioni di gas serra.

Ma il veganismo va ben oltre il cibo. Pensate all'abbigliamento. La pelle, la lana, la seta: tutti prodotti che derivano dallo sfruttamento animale e che spesso hanno un pesante impatto ambientale. L'industria della pelle, ad esempio, è una delle più inquinanti al mondo, con il suo uso massiccio di prodotti chimici tossici. Scegliere alternative vegane, come tessuti derivati da materiali riciclati o fibre naturali sostenibili, significa fare una scelta consapevole per ridurre il proprio impatto ambientale.

E che dire dei cosmetici e dei prodotti per la casa? Molti contengono ingredienti di origine animale o vengono testati sugli animali. Optare per prodotti vegani e cruelty-free non solo evita la sofferenza animale, ma spesso significa scegliere prodotti con ingredienti più naturali e meno dannosi per l'ambiente.

Ma il veganismo come movimento di consumo sostenibile va ancora oltre. Si tratta di adottare una mentalità più consapevole in ogni aspetto della nostra vita. Significa chiedersi: "Ne ho davvero bisogno?" prima di ogni acquisto. Significa preferire prodotti locali e di stagione, riducendo così l'impatto del trasporto. Significa abbracciare la filosofia del riuso e del riciclo, riducendo gli sprechi.

Un esempio concreto? Pensate alla plastica monouso. Molti vegani scelgono di portare sempre con sé borracce riutilizzabili, sacchetti di stoffa per la spesa, contenitori per il cibo da asporto. Piccoli gesti che, moltiplicati per milioni di persone, possono fare una grande differenza.

Il veganismo come movimento di consumo sostenibile ci spinge anche a guardare oltre il prodotto finale e a considerare l'intera catena di produzione. Chi ha prodotto quel capo di abbigliamento? In quali condizioni lavorano gli agricoltori che coltivano il nostro cibo? Scegliere prodotti equi e solidali diventa parte integrante di un approccio vegano al consumo.

Ma attenzione: essere vegani non significa automaticamente essere sostenibili. Anche nel mondo vegano esistono prodotti altamente processati, confezionati in plastica e trasportati per lunghe distanze. La chiave sta nell'essere informati e fare scelte consapevoli. Leggere le etichette, informarsi sulle aziende produttrici, preferire alimenti integrali e poco processati: sono tutti passi importanti verso un consumo veramente sostenibile.

Un altro aspetto interessante del veganismo come movimento di consumo sostenibile è il suo potere di influenzare il mercato. Ogni volta che scegliamo un prodotto vegano, stiamo mandando un messaggio chiaro alle aziende. Stiamo dicendo: "Vogliamo prodotti etici e sostenibili". E il mercato sta ascoltando. Negli ultimi anni abbiamo visto un'esplosione di alternative vegane in ogni settore, dalla moda al cibo, dai cosmetici all'arredamento.

Ma il veganismo non si ferma al consumo individuale. Molti vegani scelgono di sostenere attivamente imprese e organizzazioni che promuovono la sostenibilità. Che si tratti di investire in aziende etiche, sostenere progetti di riforestazione o partecipare a iniziative di pulizia ambientale, il veganismo diventa un catalizzatore per un cambiamento più ampio nella società.

E non dimentichiamo l'aspetto della condivisione e dell'educazione. Molti vegani diventano veri e propri ambasciatori della sostenibilità, condividendo informazioni, ricette, consigli pratici con amici e familiari. Questo effetto a catena può avere un impatto enorme nel lungo termine.

In conclusione, il veganismo come movimento di consumo sostenibile ci offre una lente attraverso cui guardare ogni nostra scelta di consumo. Ci spinge a chiederci non solo "È vegano?", ma anche "È sostenibile? È etico? È necessario?". Ci ricorda che ogni nostra azione, per quanto piccola possa sembrare, ha un impatto sul mondo che ci circonda.

Essere vegani in modo sostenibile può sembrare una sfida, soprattutto all'inizio. Ma è anche un'avventura entusiasmante, un viaggio di scoperta e apprendimento continuo. È un modo per allineare le nostre azioni con i nostri valori, per sentirci parte di un movimento più grande che sta lavorando per un futuro migliore.

Quindi, la prossima volta che ti trovi di fronte a una scelta di consumo, fermati un attimo. Pensa all'impatto di quella scelta. Pensa al mondo che vuoi contribuire a creare. Perché ogni acquisto è un voto per il tipo di mondo in cui vogliamo vivere. E il veganismo ci offre l'opportunità di votare per un mondo più compassionevole, più equo e più sostenibile. Un mondo in cui il rispetto per gli animali, per l'ambiente e per le persone va di pari passo. Un mondo in cui ogni scelta di consumo diventa un atto di cura verso il nostro pianeta e tutti i suoi abitanti.

Pillola 8: Come il Veganismo Può Ridurre la Fame nel Mondo

La fame nel mondo. Un problema così vasto, così complesso che spesso ci sentiamo impotenti di fronte ad esso. Eppure, la soluzione potrebbe essere più vicina di quanto pensiamo. Potrebbe essere nel nostro piatto. Sì, perché il veganismo non è solo una scelta personale di salute o di etica animale. È una potenziale chiave per affrontare uno dei problemi più pressanti dell'umanità: la fame globale.

Ma come può una scelta alimentare individuale avere un impatto così significativo su scala globale? Per capirlo, dobbiamo fare un passo indietro e guardare al quadro più ampio del nostro sistema alimentare globale.

Attualmente, circa il 70% dei terreni agricoli del mondo è utilizzato per l'allevamento di animali o per coltivare mangimi per questi animali. Pensateci un attimo. La maggior parte della terra che usiamo per produrre cibo non produce direttamente cibo per le persone. Invece, produce cibo per animali che poi mangiamo noi. Sembra efficiente? Non proprio.

Il processo di conversione delle proteine vegetali in proteine animali è incredibilmente inefficiente. Per ogni 100 calorie di cereali che diamo agli animali, otteniamo solo circa 12 calorie di carne o latticini. Il resto viene perso nel processo di conversione. È come se stessimo gettando via l'88% del nostro cibo!

Ora immaginate cosa succederebbe se utilizzassimo quelle terre per coltivare direttamente cibo per le persone. Secondo uno studio dell'Università del Minnesota, se utilizzassimo tutti i terreni attualmente destinati alla produzione di mangimi per coltivare invece cibo per il consumo umano diretto, potremmo nutrire altri 4 miliardi di persone. Quattro miliardi! Più della metà della popolazione mondiale attuale.

Ma non è solo una questione di calorie. L'allevamento intensivo richiede enormi quantità di acqua. Per produrre un solo chilo di carne bovina servono circa 15.000 litri d'acqua. Confrontatelo con i circa 300 litri necessari per produrre un chilo di verdure. In un mondo dove l'accesso all'acqua potabile è un problema crescente per molte comunità, questa disparità non può essere ignorata.

Inoltre, l'industria dell'allevamento è uno dei principali contributori al cambiamento climatico, responsabile di circa il 15% delle emissioni globali di gas serra. Il cambiamento climatico, a sua volta, sta avendo un impatto devastante sull'agricoltura in molte parti del mondo, esacerbando il problema della fame. È un circolo vizioso che il veganismo potrebbe aiutare a spezzare.

Ma il veganismo non riguarda solo l'efficienza nella produzione di cibo. Riguarda anche la distribuzione equa delle risorse. Attualmente, una grande parte dei cereali prodotti nel mondo viene utilizzata per nutrire il bestiame nei paesi ricchi, mentre molte persone nei paesi in via di sviluppo soffrono la fame. Passare a una dieta basata su piante potrebbe liberare queste risorse per un uso più equo e diretto.

Prendiamo l'esempio della soia. Gran parte della soia coltivata nel mondo viene utilizzata come mangime per il bestiame. Se invece utilizzassimo quella soia direttamente per l'alimentazione umana, potremmo nutrire molte più persone con la stessa quantità di terra e risorse.

Naturalmente, il passaggio a un sistema alimentare globale più basato sulle piante non è privo di sfide. Ci sono questioni di accesso, di educazione, di cambiamento culturale da affrontare. Ma il potenziale impatto è troppo grande per essere ignorato.

È importante sottolineare che il veganismo non è l'unica soluzione alla fame nel mondo. Il problema è complesso e richiede un approccio multifacettato che includa politiche governative, innovazione tecnologica, educazione e molto altro. Tuttavia, il veganismo può giocare un ruolo cruciale in questo puzzle.

Inoltre, il veganismo può contribuire a creare un sistema alimentare più resiliente. Le monoculture su larga scala necessarie per produrre mangimi per il bestiame sono vulnerabili a malattie e parassiti. Un sistema alimentare più diversificato, basato su una varietà di colture per il consumo umano diretto, sarebbe più robusto e meno soggetto a crisi.

Ma come possiamo, come individui, contribuire a questo cambiamento? Ogni pasto vegano è un passo nella giusta direzione. Riducendo la domanda di prodotti animali, stiamo inviando un messaggio chiaro al mercato. Stiamo dicendo che vogliamo un sistema alimentare più efficiente, più equo e più sostenibile.

Inoltre, possiamo educare noi stessi e gli altri sull'impatto delle nostre scelte alimentari. Possiamo sostenere politiche che promuovono un sistema alimentare più basato sulle piante. Possiamo supportare organizzazioni che lavorano per combattere la fame nel mondo attraverso approcci sostenibili.

È importante ricordare che il veganismo non deve essere un "tutto o niente". Anche ridurre il consumo di prodotti animali può avere un impatto significativo. Ogni pasto conta. Ogni scelta fa la differenza.

Il veganismo ci offre anche l'opportunità di riconnetterci con il nostro cibo e con il suo impatto globale. Quando scegliamo di mangiare piante, stiamo facendo una scelta che va oltre noi stessi. Stiamo facendo una scelta che ha il potenziale di influenzare positivamente la vita di persone dall'altra parte del mondo.

Immaginate un mondo in cui tutti avessero abbastanza da mangiare. Un mondo in cui le risorse fossero distribuite in modo più equo. Un mondo in cui il nostro sistema alimentare lavorasse con la natura, non contro di essa. Questo è il tipo di mondo che il veganismo ci invita a immaginare e a creare.

Certo, il veganismo da solo non risolverà tutti i problemi del mondo. Ma ci offre un potente strumento per affrontare alcune delle sfide più pressanti dell'umanità. Ci ricorda che le nostre scelte quotidiane hanno un impatto che va ben oltre il nostro piatto.

In conclusione, il veganismo non è solo una dieta. È una filosofia che ci invita a ripensare il nostro rapporto con il cibo, con gli animali, con l'ambiente e con gli altri esseri umani. Ci sfida a considerare l'impatto globale delle nostre scelte personali. E ci offre l'opportunità di essere parte della soluzione a uno dei problemi più urgenti del nostro tempo.

Quindi, la prossima volta che vi sedete a tavola, ricordate: il vostro pasto è più di un semplice pasto. È una dichiarazione su che tipo di mondo volete creare. È un voto per un futuro in cui tutti abbiano abbastanza da mangiare. Un futuro in cui il nostro sistema alimentare nutra non solo i nostri corpi, ma anche il nostro pianeta e la nostra umanità condivisa. Perché alla fine, siamo tutti connessi. E ogni boccone conta.

Pillola 9: Veganismo e Benessere Mentale: Come la Scelta Etica Influenza la Tua Psiche

Quando pensiamo al veganismo, spesso la nostra mente corre subito ai benefici per la salute fisica o all'impatto positivo sull'ambiente. Ma c'è un aspetto del veganismo che troppo spesso viene trascurato: il suo profondo effetto sul nostro benessere mentale. Sì, perché scegliere di vivere in armonia con i propri valori etici può avere un impatto sorprendentemente potente sulla nostra psiche.

Immaginate di svegliarvi ogni mattina sapendo che le vostre azioni quotidiane sono allineate con i vostri principi più profondi. Che ogni scelta che fate, dal cibo che mangiate ai vestiti che indossate, riflette il vostro desiderio di minimizzare la sofferenza e di vivere in modo più sostenibile. Questo senso di coerenza interna, di vivere in accordo con i propri valori, può essere incredibilmente potente per la nostra salute mentale.

Ma andiamo più nel dettaglio. Uno degli aspetti più significativi del veganismo dal punto di vista psicologico è il senso di empowerment che può generare. In un mondo che spesso ci fa sentire impotenti di fronte alle grandi sfide globali, il veganismo ci offre un modo concreto per fare la differenza. Ogni pasto diventa un'opportunità per votare per il mondo in cui vogliamo vivere. Questo senso di agency, di essere attori del cambiamento piuttosto che spettatori passivi, può essere incredibilmente liberatorio e gratificante.

Molti vegani riferiscono di sperimentare un profondo senso di pace interiore una volta abbracciato questo stile di vita. Questo può essere attribuito in parte alla riduzione di quello che gli psicologi chiamano "dissonanza cognitiva". Prima di diventare vegani, molte persone sperimentano un conflitto interno tra il loro amore per gli animali e il loro consumo di prodotti animali. Risolvere questa contraddizione attraverso il veganismo può portare a un maggiore senso di coerenza interna e, di conseguenza, a una maggiore serenità.

C'è poi l'aspetto della connessione. Il veganismo ci invita a riflettere profondamente sul nostro posto nel mondo e sulla nostra relazione con gli altri esseri viventi e con il pianeta. Questo può portare a un senso di interconnessione e di appartenenza a qualcosa di più grande di noi. Molti vegani riferiscono di sentirsi più in sintonia con la natura e con gli altri esseri viventi, un sentimento che può essere profondamente nutriente per la psiche.

Ma non è tutto rose e fiori. È importante riconoscere che il percorso verso il veganismo può anche presentare delle sfide dal punto di vista psicologico. Molti vegani, specialmente all'inizio, possono sperimentare sentimenti di frustrazione o isolamento in un mondo che non sempre comprende o supporta la loro scelta. Possono sentirsi sopraffatti dalla consapevolezza della sofferenza animale o dalle sfide ambientali che il veganismo cerca di affrontare.

Tuttavia, queste sfide possono anche essere opportunità di crescita personale. Molti vegani riferiscono di aver sviluppato una maggiore resilienza emotiva e capacità di comunicazione nel navigare queste difficoltà. Imparare a esprimere i propri valori in modo assertivo ma non aggressivo, a gestire il conflitto in modo costruttivo, a trovare modi creativi per adattarsi a situazioni sociali: tutte queste sono competenze preziose che possono migliorare il nostro benessere psicologico generale.

Un altro aspetto interessante è come il veganismo possa influenzare la nostra relazione con il cibo. Per molti, diventare vegani significa riscoprire il piacere del cibo in modo nuovo. Esplorare nuovi ingredienti, sperimentare con ricette diverse, riscoprire il gusto dei cibi integrali: tutto questo può portare a una relazione più consapevole e gioiosa con il cibo. E sappiamo quanto una relazione sana con il cibo sia importante per il nostro benessere mentale.

Il veganismo può anche offrire un senso di scopo e di significato. In un'epoca in cui molti lottano con sentimenti di vuoto o di mancanza di direzione, il veganismo offre una causa in cui credere, un modo per contribuire positivamente al mondo. Questo senso di scopo può essere un potente antidoto contro l'ansia e la depressione.

Inoltre, molti vegani riferiscono di sperimentare un aumento di energia e una maggiore chiarezza mentale dopo aver adottato una dieta a base vegetale. Questo può essere attribuito in parte ai benefici nutrizionali di una dieta vegana ben pianificata, ricca di frutta, verdura, cereali integrali e legumi. Ma c'è anche un aspetto psicologico: il senso di leggerezza che deriva dal sapere che le nostre scelte alimentari sono allineate con i nostri valori può tradursi in una sensazione di maggiore vitalità e presenza mentale.

È importante notare che il veganismo non è una panacea per tutti i problemi di salute mentale. Come ogni scelta di vita, può avere impatti diversi su persone diverse. Alcune persone potrebbero trovare che il veganismo migliora significativamente il loro benessere mentale, mentre altre potrebbero non notare grandi differenze. E per coloro che lottano con disturbi alimentari o altre condizioni di salute mentale, è sempre consigliabile consultare un professionista prima di apportare cambiamenti significativi alla propria dieta o al proprio stile di vita.

Tuttavia, per molti, il veganismo offre un potente strumento per allineare le proprie azioni con i propri valori, per sentirsi parte di un movimento più grande, per contribuire positivamente al mondo. E questo senso di coerenza, di connessione, di scopo può avere un impatto profondamente positivo sul nostro benessere mentale.

In conclusione, il veganismo non è solo una scelta alimentare o di lifestyle. È un viaggio di scoperta di sé, un'opportunità per vivere in modo più consapevole e compassionevole. È un invito a riflettere profondamente sui nostri valori e su come vogliamo relazionarci con il mondo che ci circonda. E in questo processo, possiamo scoprire non solo un modo per fare del bene al pianeta e agli animali, ma anche un percorso verso una maggiore pace interiore e un più profondo senso di realizzazione personale.

Quindi, la prossima volta che qualcuno vi chiede perché siete vegani, potreste rispondere: "Per gli animali, per il pianeta... e per la mia pace mentale". Perché il veganismo non nutre solo il nostro corpo, ma anche la nostra anima.

Pillola 10: Miti e Falsi Stereotipi sul Veganismo

"I vegani sono tutti deperiti e pallidi." "Il veganismo è solo per hippie e attivisti radicali." "Una dieta vegana non può fornire abbastanza proteine." "Il cibo vegano è insipido e noioso." Vi suonano familiari queste affermazioni? Se sì, non siete soli. Il veganismo, nonostante la sua crescente popolarità, è ancora circondato da una miriade di miti e falsi stereotipi. È ora di fare un po' di chiarezza e sfatare alcune di queste concezioni errate.

Partiamo dal mito più comune: "I vegani non ottengono abbastanza proteine". Questo è probabilmente il cavallo di battaglia di chi critica il veganismo, eppure è uno dei più facili da confutare. La verità è che una dieta vegana ben pianificata può fornire tutte le proteine di cui il nostro corpo ha bisogno. Legumi, noci, semi, cereali integrali e persino molte verdure sono ottime fonti di proteine. E non dimentichiamoci che molti animali erbivori, come gorilla ed elefanti, costruiscono e mantengono una muscolatura impressionante con una dieta completamente vegetale!

Un altro mito persistente è che "il veganismo è troppo costoso". Certo, se basate la vostra dieta su prodotti vegani ultra-processati e sostituti della carne di marca, il conto della spesa potrebbe lievitare. Ma una dieta vegana basata su cibi integrali - cereali, legumi, frutta e verdura - può essere una delle opzioni più economiche in assoluto. Pensateci: un chilo di lenticchie costa molto meno di un chilo di carne, e vi fornirà molti più pasti!

"I vegani sono tutti magri e deboli." Questo stereotipo è particolarmente ironico considerando che alcune delle più grandi star del fitness e dello sport professionale sono vegane. Da Lewis Hamilton in Formula 1 a Novak Djokovic nel tennis, passando per numerosi atleti di forza e bodybuilder, il veganismo sta dimostrando di poter sostenere prestazioni atletiche di altissimo livello.

E che dire del mito secondo cui "il cibo vegano è insipido e noioso"? Chiunque abbia esplorato seriamente la cucina vegana sa quanto sia lontano dalla verità. Il veganismo apre le porte a un mondo di sapori, texture e combinazioni culinarie che molti onnivori non hanno mai sperimentato. Dalle cucine etniche ricche di spezie alle innovative tecniche di cucina che trasformano i vegetali in autentiche opere d'arte gastronomica, il cibo vegano è tutto tranne che noioso!

"Il veganismo è solo una moda passeggera." Questo è un altro mito che non regge all'esame dei fatti. Il veganismo esiste da decenni e sta crescendo costantemente in popolarità. Non è una moda, ma una risposta consapevole alle crescenti preoccupazioni etiche, ambientali e di salute del nostro tempo.

Un altro stereotipo comune è che "tutti i vegani sono militanti e aggressivi". Mentre è vero che alcuni vegani possono essere molto appassionati nella loro difesa dei diritti degli animali, la stragrande maggioranza dei vegani sono persone normali che hanno semplicemente fatto una scelta personale di consumo etico. Come in ogni gruppo, ci sono individui più vocali e altri più riservati.

"Il veganismo non è naturale per gli esseri umani." Questo mito ignora il fatto che molte popolazioni in tutto il mondo hanno seguito diete prevalentemente o completamente vegetali per millenni. Inoltre, la nostra anatomia e fisiologia sono più simili a quelle degli erbivori che a quelle dei carnivori. La verità è che gli esseri umani sono incredibilmente adattabili e possono prosperare con una varietà di diete, inclusa quella vegana.

Un altro mito da sfatare è che "il veganismo è pericoloso per i bambini". In realtà, le principali organizzazioni nutrizionali concordano sul fatto che una dieta vegana ben pianificata è adatta a tutte le fasi della vita, inclusa l'infanzia. Come per qualsiasi dieta, la chiave è la pianificazione e l'equilibrio.

"I vegani contribuiscono alla morte di più animali a causa dell'agricoltura." Questo è un argomento che viene spesso utilizzato, ma ignora il fatto che la maggior parte dei raccolti globali viene utilizzata per nutrire il bestiame, non gli esseri umani. Una dieta vegana richiede molto meno terra e causa meno morti accidentali di animali rispetto a una dieta basata su prodotti animali.

E che dire del mito secondo cui "il veganismo è dannoso per l'ambiente"? Questo ignora completamente il fatto che l'allevamento di bestiame è uno dei maggiori contributori al cambiamento climatico, alla deforestazione e all'inquinamento delle acque. Una dieta vegana ha generalmente un'impronta di carbonio molto più bassa rispetto a una dieta onnivora.

"I vegani sono carenti di vitamina B12." Mentre è vero che la B12 si trova naturalmente solo in prodotti animali, molti alimenti vegani sono fortificati con B12 e gli integratori sono ampiamente disponibili e efficaci. Con una pianificazione adeguata, i vegani possono facilmente soddisfare il loro fabbisogno di B12.

Infine, sfatiamo il mito che "il veganismo è una dieta restrittiva". In realtà, molti vegani scoprono che la loro dieta diventa molto più varia dopo la transizione. Improvvisamente, si trovano a esplorare una vasta gamma di cereali, legumi, frutta, verdura, noci e semi che prima non consideravano mai.

Perché questi miti persistono? In parte, è dovuto alla mancanza di informazione. Ma c'è anche un elemento di resistenza psicologica. Il veganismo sfida molte delle nostre abitudini e credenze più radicate, e questo può suscitare una reazione difensiva in alcune persone.

Inoltre, non possiamo ignorare il ruolo degli interessi economici. Le industrie della carne, dei latticini e delle uova hanno molto da perdere se il veganismo continua a crescere in popolarità. Non sorprende quindi che ci siano sforzi attivi per perpetuare questi miti e stereotipi.

Allora, come possiamo combattere questi miti? La chiave sta nell'educazione e nella comunicazione aperta e compassionevole. Invece di reagire con rabbia o frustrazione quando incontriamo questi stereotipi, possiamo vederli come opportunità per educare e informare.

Condividere la propria esperienza personale può essere particolarmente potente. Mostrare come il veganismo ha migliorato la propria salute, ha ampliato i propri orizzonti culinari o ha allineato le proprie azioni con i propri valori può essere molto più convincente di qualsiasi statistica o argomento astratto.

È anche importante riconoscere che il veganismo non è perfetto e non è una soluzione magica a tutti i problemi del mondo. Essere onesti sulle sfide e le complessità del veganismo può in realtà aumentare la nostra credibilità e aprire la porta a conversazioni più produttive.

In conclusione, i miti e gli stereotipi sul veganismo sono numerosi, ma sono anche facilmente confutabili con fatti, ricerche e esperienze personali. Man mano che il veganismo continua a crescere in popolarità e visibilità, possiamo sperare che molti di questi miti si dissiperanno naturalmente.

Nel frattempo, ogni vegano ha l'opportunità di essere un ambasciatore vivente della verità sul veganismo. Attraverso le nostre azioni, le nostre parole e il nostro esempio, possiamo sfidare questi miti e stereotipi ogni giorno. Possiamo dimostrare che il veganismo è una scelta di vita vibrante, sana e compassionevole. Possiamo mostrare che è possibile vivere in modo etico e sostenibile senza sacrificare il gusto, la salute o la gioia di vivere.

Ogni conversazione che abbiamo, ogni pasto che condividiamo, ogni scelta che facciamo è un'opportunità per educare e ispirare. Non sottovalutiamo mai il potere del nostro esempio personale nel cambiare percezioni e sfidare preconcetti.

Ricordiamoci sempre che il cambiamento spesso inizia con una singola persona che sceglie di vivere in modo diverso. E chi sa? Forse sfatando questi miti, un vegano alla volta, potremo contribuire a creare un mondo più compassionevole, sostenibile e informato per tutti.

Pillola 11: Veganismo e Latticini: Perché il Latte Non è Così Innocuo Come Sembra

Fin dall'infanzia, molti di noi sono cresciuti con l'idea che il latte sia un alimento essenziale, quasi magico. "Il latte fa bene alle ossa", ci dicevano. "Bevi il latte per crescere forte e sano". Ma cosa c'è realmente dietro questo liquido bianco che abbiamo imparato a considerare così innocuo e benefico? È giunto il momento di guardare oltre il bicchiere e esplorare l'impatto reale dei latticini, non solo sulla nostra salute, ma anche sull'ambiente e sugli animali.

Iniziamo con un fatto sorprendente: gli esseri umani sono gli unici mammiferi che continuano a consumare latte dopo lo svezzamento, e per di più il latte di un'altra specie. Dal punto di vista evolutivo, questo è un comportamento piuttosto insolito. Il nostro corpo è progettato per digerire il latte materno solo nei primi anni di vita, dopodiché la produzione dell'enzima lattasi, necessario per digerire il lattosio, tende a diminuire. Non è un caso che circa il 65% della popolazione mondiale sia intollerante al lattosio in età adulta.

Ma l'aspetto nutrizionale è solo la punta dell'iceberg. Parliamo dell'impatto ambientale dell'industria lattiero-casearia. Le mucche da latte sono tra i maggiori produttori di metano, un gas serra molto più potente dell'anidride carbonica. Inoltre, la produzione di latte richiede enormi quantità di acqua e terra. Per produrre un solo litro di latte servono circa 1000 litri d'acqua. Pensateci la prossima volta che versate il latte nei vostri cereali: quel bicchiere ha richiesto l'equivalente di diverse vasche da bagno piene d'acqua per essere prodotto.

E che dire del benessere animale? Contrariamente all'immagine idilliaca di mucche felici che pascolano liberamente nei prati verdi, la realtà dell'industria lattiero-casearia moderna è ben diversa. Le mucche da latte vengono sottoposte a cicli continui di gravidanza e parto per mantenere la produzione di latte. I vitelli vengono separati dalle madri poco dopo la nascita, causando un enorme stress sia alla madre che al piccolo. Le mucche maschio, non utili per la produzione di latte, vengono spesso vendute per la carne o uccise poco dopo la nascita.

Ma forse state pensando: "E il calcio? Non abbiamo bisogno del latte per avere ossa forti?" È vero che il latte è ricco di calcio, ma non è l'unica fonte, e nemmeno la migliore. Verdure a foglia verde come cavoli e broccoli, semi di sesamo, mandorle e molti altri alimenti vegetali sono ottime fonti di calcio. Inoltre, questi alimenti forniscono il calcio insieme a una serie di altri nutrienti benefici, senza gli effetti collaterali negativi associati ai latticini.

Parliamo ora degli effetti sulla salute. Oltre all'intolleranza al lattosio, il consumo di latticini è stato associato a vari problemi di salute. Alcuni studi hanno suggerito un legame tra il consumo di latte e un aumento del rischio di certi tipi di cancro, in particolare il cancro alla prostata. I latticini sono anche ricchi di grassi saturi, che possono contribuire alle malattie cardiache se consumati in eccesso.

C'è anche la questione degli ormoni. Il latte vaccino contiene naturalmente ormoni, incluso l'IGF-1 (fattore di crescita insulino-simile), che in alcuni studi è stato associato a un aumento del rischio di alcuni tipi di cancro. Inoltre, in molti paesi, le mucche vengono trattate con ormoni artificiali per aumentare la produzione di latte, il che solleva ulteriori preoccupazioni per la salute.

Ma non è tutto. L'industria lattiero-casearia ha un impatto significativo anche sulla resistenza agli antibiotici, uno dei problemi di salute pubblica più pressanti del nostro tempo. L'uso massiccio di antibiotici nell'allevamento intensivo contribuisce allo sviluppo di batteri resistenti, che possono poi passare agli esseri umani attraverso il consumo di prodotti animali.

Fortunatamente, viviamo in un'epoca in cui le alternative ai latticini sono più abbondanti e deliziose che mai. Latte di mandorla, soia, avena, riso, cocco: le opzioni sono infinite e sempre più gustose. Yogurt e formaggi vegani stanno diventando sempre più sofisticati, offrendo texture e sapori che non hanno nulla da invidiare ai loro equivalenti lattiero-caseari.

Ma forse il cambiamento più significativo sta avvenendo nella nostra percezione. Sempre più persone stanno iniziando a vedere il latte non come un alimento essenziale, ma come quello che è realmente: il latte materno di un'altra specie, destinato ai suoi piccoli, non agli esseri umani adulti.

Questo non vuol dire che passare a una dieta senza latticini sia facile per tutti. Molti di noi hanno un forte attaccamento emotivo al latte e ai suoi derivati. Il formaggio, in particolare, può essere una delle cose più difficili da abbandonare per chi decide di diventare vegano. Ma con un po' di creatività e apertura mentale, è possibile scoprire un mondo di sapori e texture che non solo soddisfano i nostri desideri culinari, ma lo fanno in modo più etico e sostenibile.

È importante sottolineare che l'obiettivo non è demonizzare chi consuma latticini. Il cambiamento avviene gradualmente e ognuno ha il proprio percorso. Ciò che è cruciale è iniziare a guardare oltre il marketing e le abitudini radicate, per fare scelte più consapevoli e informate.

Quindi, la prossima volta che vi trovate di fronte a un bicchiere di latte o a una fetta di formaggio, fermatevi un attimo a riflettere. Pensate all'impatto di quella scelta: sull'ambiente, sugli animali, sulla vostra salute. E ricordate, ogni pasto è un'opportunità per fare una scelta. Una scelta che può sembrare piccola, ma che, moltiplicata per milioni di persone, ha il potere di cambiare il mondo.

In conclusione, il latte e i latticini non sono così innocui come l'industria vorrebbe farci credere. Ma la buona notizia è che abbiamo il potere di fare scelte diverse. Scelte che sono migliori per noi, per gli animali e per il pianeta. E chi sa? Potreste scoprire che un mondo senza latticini non solo è possibile, ma è anche più delizioso, sano e appagante di quanto avreste mai immaginato.

Pillola 12: Il Ruolo delle Politiche Pubbliche nel Sostenere il Veganismo

Quando pensiamo al veganismo, spesso lo consideriamo una scelta personale, un cambiamento che avviene a livello individuale. Ma cosa succederebbe se iniziassimo a pensare al veganismo come a una questione di politica pubblica? Come potrebbero i governi e le istituzioni influenzare e sostenere la transizione verso diete e stili di vita più basati sulle piante? È ora di esplorare il ruolo cruciale che le politiche pubbliche possono giocare nel promuovere il veganismo e, di conseguenza, nel creare un mondo più sostenibile, sano e compassionevole.

Iniziamo con un fatto sorprendente: le attuali politiche alimentari in molti paesi favoriscono pesantemente l'industria della carne e dei latticini. Sussidi governativi, incentivi fiscali e politiche commerciali spesso rendono i prodotti animali artificialmente economici, mentre le alternative vegetali rimangono relativamente più costose. Questo crea un campo di gioco tutt'altro che equo per le opzioni vegane.

Immaginate cosa potrebbe accadere se questi sussidi venissero reindirizzati verso la produzione di alimenti vegetali. Improvvisamente, frutta, verdura, legumi e cereali integrali diventerebbero molto più accessibili per tutti. Questo non solo renderebbe più facile per le persone fare scelte vegane, ma avrebbe anche un impatto significativo sulla salute pubblica, riducendo i costi sanitari legati alle malattie croniche associate al consumo eccessivo di prodotti animali.

Ma le politiche pubbliche possono fare molto di più che semplicemente modificare i sussidi. Pensate all'educazione alimentare nelle scuole. E se i programmi scolastici includessero informazioni complete sui benefici di una dieta basata sulle piante, sia per la salute che per l'ambiente? E se le mense scolastiche offrissero opzioni vegane appetitose e nutrienti ogni giorno? Questo potrebbe avere un impatto enorme nel formare le abitudini alimentari delle future generazioni.

Le politiche pubbliche possono anche giocare un ruolo cruciale nel promuovere la ricerca e l'innovazione nel campo degli alimenti vegetali. Finanziamenti pubblici per lo sviluppo di alternative vegetali alla carne, al latte e alle uova potrebbero accelerare la creazione di prodotti sempre più gustosi, nutrienti ed economici. Questo non solo renderebbe più facile per le persone adottare una dieta vegana, ma creerebbe anche nuove opportunità economiche e posti di lavoro nel settore emergente del cibo vegetale.

Un altro ambito in cui le politiche pubbliche possono fare la differenza è quello dell'etichettatura degli alimenti. Immaginate se ogni prodotto alimentare dovesse riportare in etichetta non solo le informazioni nutrizionali, ma anche il suo impatto ambientale. Questo permetterebbe ai consumatori di fare scelte più informate e potrebbe incoraggiare le aziende a sviluppare prodotti più sostenibili.

Le politiche pubbliche possono anche influenzare il modo in cui il cibo viene pubblicizzato. Molti paesi hanno già restrizioni sulla pubblicità di tabacco e alcol. E se applicassimo restrizioni simili alla pubblicità di prodotti animali ad alto impatto ambientale? O se richiedessimo che le pubblicità di prodotti animali includessero informazioni sul loro impatto ambientale, simili alle avvertenze sanitarie sui pacchetti di sigarette?

Un altro settore in cui le politiche pubbliche possono fare la differenza è quello degli appalti pubblici. Immaginate se ospedali, scuole, prigioni e altre istituzioni pubbliche fossero incoraggiate o addirittura obbligate a offrire opzioni vegane nei loro menu. Questo non solo renderebbe più facile per i vegani accedere a opzioni alimentari adeguate in questi contesti, ma esporrebbe anche un gran numero di persone a pasti vegani deliziosi e nutrienti.

Le politiche fiscali possono anche giocare un ruolo importante. Alcuni paesi stanno già considerando l'idea di una "tassa sulla carne", simile alle tasse sul tabacco o sullo zucchero. I proventi di queste tasse potrebbero essere utilizzati per sovvenzionare frutta e verdura, rendendo le opzioni più sane e sostenibili accessibili a tutti.

Ma le politiche pubbliche non riguardano solo il cibo. Pensate alle leggi sul benessere degli animali. Politiche più severe sulla protezione degli animali negli allevamenti potrebbero rendere la produzione di carne e latticini molto più costosa, incoraggiando naturalmente un passaggio verso alternative vegetali.

Le politiche urbanistiche possono anche giocare un ruolo. Immaginate città progettate con spazi per orti comunitari, mercati contadini e ristoranti vegani in ogni quartiere. Questo renderebbe molto più facile per le persone accedere a cibi freschi, locali e basati sulle piante.

E che dire delle politiche sul cambiamento climatico? Man mano che i governi si impegnano a ridurre le emissioni di gas serra, le politiche che promuovono diete basate sulle piante diventano uno strumento sempre più importante. Alcuni paesi stanno già includendo raccomandazioni per ridurre il consumo di carne nelle loro strategie climatiche nazionali.

È importante notare che molte di queste politiche non devono necessariamente essere presentate come "pro-veganismo". Possono essere inquadrate in termini di benefici per la salute pubblica, sostenibilità ambientale o sicurezza alimentare. Questo approccio può renderle più accettabili per un pubblico più ampio e meno soggette a resistenza da parte delle industrie della carne e dei latticini.

Naturalmente, l'implementazione di queste politiche non è senza sfide. Ci sono potenti interessi economici che si oppongono a qualsiasi cambiamento che possa minacciare l'industria della carne e dei latticini. Inoltre, le abitudini alimentari sono profondamente radicate nella cultura e nella tradizione, e qualsiasi tentativo di cambiarle può incontrare resistenza.

Tuttavia, ci sono segnali incoraggianti. Alcune città e paesi stanno già facendo passi coraggiosi in questa direzione. New York City, ad esempio, ha introdotto il programma "Meatless Mondays" nelle scuole pubbliche. Il Portogallo ha approvato una legge che richiede opzioni vegane in tutte le mense pubbliche. La Danimarca sta considerando l'introduzione di etichette che indichino l'impatto climatico sugli alimenti.

In conclusione, mentre il veganismo è spesso visto come una scelta personale, le politiche pubbliche hanno un ruolo cruciale da giocare nel renderlo più accessibile, conveniente e mainstream. Creando un ambiente che supporta e incoraggia le scelte vegane, i governi possono accelerare la transizione verso un sistema alimentare più sostenibile, sano e compassionevole.

Come cittadini, abbiamo il potere di influenzare queste politiche. Possiamo votare per politici che sostengono politiche alimentari progressiste, partecipare a consultazioni pubbliche, scrivere ai nostri rappresentanti e unirci a organizzazioni che fanno pressione per questi cambiamenti.

Ricordiamo sempre che ogni grande cambiamento sociale è iniziato con individui che hanno osato immaginare un mondo diverso. Il veganismo non è diverso. Con il sostegno di politiche pubbliche illuminate, possiamo trasformare il nostro sistema alimentare e, con esso, il nostro rapporto con gli animali, l'ambiente e la nostra stessa salute. Il futuro è vegano,

Pillola 13: La Transizione Verso una Vita Vegana: Come Fare Scelte Sostenibili e Graduali

Il viaggio verso il veganismo è spesso paragonato a una maratona, non a uno sprint. È un percorso di crescita, apprendimento e cambiamento che richiede pazienza, compassione (verso sé stessi e gli altri) e una buona dose di curiosità. Se state considerando di intraprendere questo viaggio, o se siete già sulla strada ma state cercando modi per rendere la transizione più fluida e sostenibile, questa pillola è per voi.

Innanzitutto, respiriamo profondamente e ricordiamoci che non esiste un modo "perfetto" di diventare vegani. Ogni percorso è unico, influenzato dalle nostre circostanze personali, dalla nostra cultura, dalle nostre risorse e dalle nostre motivazioni. L'importante è fare del nostro meglio, essere gentili con noi stessi e continuare a imparare e crescere lungo il cammino.

Uno degli approcci più efficaci per una transizione sostenibile è quello graduale. Invece di eliminare tutti i prodotti animali dalla sera alla mattina, molte persone trovano più gestibile e sostenibile fare cambiamenti incrementali. Potreste iniziare con il "Meatless Monday", dedicando un giorno alla settimana a pasti completamente vegetali. Man mano che vi sentite più a vostro agio, potete aumentare gradualmente il numero di pasti o giorni vegani.

Un altro approccio popolare è quello di affrontare un alimento alla volta. Potreste iniziare sostituendo il latte vaccino con alternative vegetali come il latte di mandorla, soia o avena. Una volta che vi siete abituati a questo cambiamento, potreste passare a sostituire la carne con alternative vegetali o semplicemente aumentare la quantità di legumi e verdure nei vostri pasti. Procedendo un passo alla volta, il cambiamento diventa meno travolgente e più gestibile.

L'educazione è un elemento cruciale in questo percorso. Dedicate del tempo a imparare i principi di una dieta vegana equilibrata. Assicuratevi di includere una varietà di frutta, verdura, cereali integrali, legumi, noci e semi nella vostra dieta per ottenere tutti i nutrienti necessari. Informatevi su come ottenere vitamine e minerali chiave come la B12, il ferro, lo zinco e gli omega-3 da fonti vegetali o, se necessario, da integratori.

Un aspetto spesso trascurato ma cruciale nella transizione al veganismo è l'aspetto culinario. Imparare a cucinare pasti vegani deliziosi e nutrienti può fare la differenza tra una transizione di successo e una frustrante. Esplorate nuove ricette, sperimentate con ingredienti che forse non avete mai usato prima, come il tofu, il tempeh o il seitan. Ci sono innumerevoli blog, libri di cucina e canali YouTube dedicati alla cucina vegana che possono essere fonti di ispirazione.

Non sottovalutate l'importanza di trovare sostituti per i vostri cibi preferiti. Se amate il formaggio, esplorate le alternative vegane disponibili in commercio o imparate a fare il "formaggio" di anacardi. Se il gelato è la vostra debolezza, scoprirete che esistono deliziose opzioni vegane o potrete imparare a fare il vostro gelato vegano fatto in casa. Avere alternative soddisfacenti per i vostri cibi preferiti può rendere la transizione molto più piacevole e sostenibile.

Un altro aspetto importante è la pianificazione. Specialmente all'inizio, può essere utile pianificare i pasti in anticipo e assicurarsi di avere sempre snack vegani a portata di mano. Questo può aiutare a evitare situazioni in cui vi trovate affamati e senza opzioni vegane disponibili, il che potrebbe portare a scelte alimentari che non si allineano con i vostri nuovi obiettivi.

Ricordatevi che il veganismo va oltre il cibo. Man mano che vi sentite più a vostro agio con l'alimentazione vegana, potreste voler esplorare altri aspetti dello stile di vita vegano, come l'abbigliamento, i cosmetici e i prodotti per la casa. Anche qui, un approccio graduale può essere utile. Potreste decidere di sostituire gli articoli non vegani man mano che si consumano, piuttosto che gettare via tutto in una volta.

Una delle sfide più grandi nella transizione al veganismo può essere navigare le situazioni sociali. Essere preparati può fare una grande differenza. Se andate a cena fuori, date un'occhiata al menu in anticipo o chiamate il ristorante per vedere se possono accomodare una dieta vegana. Se siete invitati a casa di amici, offritevi di portare un piatto da condividere. Questo non solo assicura che avrete qualcosa da mangiare, ma è anche un'opportunità per mostrare quanto possa essere deliziosa la cucina vegana.

Non dimenticate l'importanza del supporto sociale. Connettersi con altri vegani, sia online che di persona, può essere incredibilmente utile. Possono offrire consigli, condividere ricette, e semplicemente essere una fonte di comprensione e incoraggiamento. Cercate gruppi vegani locali, partecipate a eventi vegani o unitevi a comunità online.

È importante anche essere preparati alle domande e alle critiche che potreste ricevere. Educatevi sulle ragioni del vostro veganismo, che si tratti di etica animale, salute o ambiente. Essere in grado di articolare le vostre ragioni in modo calmo e informato può aiutare a gestire conversazioni potenzialmente difficili.

Ricordate sempre che la perfezione non è l'obiettivo. Ci saranno probabilmente momenti in cui farete errori o in cui le circostanze vi porteranno a fare scelte non vegane. L'importante è non lasciare che questi momenti vi scoraggino. Ogni pasto vegano, ogni scelta compassionevole conta. Il veganismo è un viaggio, non una destinazione.

Infine, non dimenticate di celebrare i vostri progressi! Notate come vi sentite fisicamente ed emotivamente man mano che progredite nel vostro percorso vegano. Molte persone riferiscono di sentirsi più energiche, di avere una pelle più luminosa, una digestione migliorata e un senso generale di benessere. Celebrate questi cambiamenti positivi e usateli come motivazione per continuare.

In conclusione, la transizione verso una vita vegana è un viaggio personale e unico. Con un approccio graduale, una buona pianificazione, l'educazione continua e il supporto sociale, può essere un'esperienza incredibilmente gratificante e arricchente. Ricordate, ogni passo che fate verso uno stile di vita più compassionevole e sostenibile è un passo nella giusta direzione. Il vostro viaggio vegano è vostro e solo vostro. Abbracciatelo, godetevelo e lasciate che vi trasformi in modi che forse non avevate nemmeno immaginato.

Pillola 14: L'Impatto del Veganismo Sull'Economia Globale

Quando pensiamo al veganismo, spesso ci concentriamo sui suoi effetti sulla salute individuale, sul benessere degli animali o sull'ambiente. Ma c'è un altro aspetto di questo movimento in rapida crescita che merita una seria considerazione: il suo impatto sull'economia globale. Il veganismo non è solo una scelta di stile di vita; sta diventando una forza economica che sta ridisegnando industrie, creando nuovi mercati e sfidando i modelli economici tradizionali.

Per comprendere appieno l'impatto economico del veganismo, dobbiamo prima riconoscere la scala del cambiamento in corso. Secondo vari rapporti di mercato, l'industria dei prodotti vegetali sta crescendo a un ritmo senza precedenti. Il mercato globale delle proteine alternative, ad esempio, si prevede che raggiungerà i 290 miliardi di dollari entro il 2035. Questo non è solo un trend di nicchia; stiamo assistendo a una trasformazione fondamentale del nostro sistema alimentare globale.

Uno dei settori più visibilmente influenzati da questa tendenza è l'industria alimentare. Le grandi aziende alimentari, che una volta si concentravano esclusivamente su prodotti di origine animale, stanno ora investendo pesantemente in alternative vegetali. Giganti come Nestlé, Unilever e persino Tyson Foods (uno dei più grandi produttori di carne al mondo) stanno lanciando linee di prodotti vegani. Questo non solo sta creando nuove opportunità di lavoro, ma sta anche spingendo l'innovazione nel settore alimentare a livelli mai visti prima.

L'ascesa del veganismo sta anche dando vita a un'intera nuova generazione di start-up e imprenditori. Aziende come Beyond Meat e Impossible Foods sono diventate nomi familiari, attirando investimenti di miliardi di dollari e sfidando i giganti alimentari tradizionali. Queste aziende non stanno solo creando prodotti; stanno rivoluzionando i processi di produzione alimentare, sviluppando nuove tecnologie che potrebbero avere applicazioni ben oltre il settore alimentare.

Ma l'impatto economico del veganismo va ben oltre l'industria alimentare. Consideriamo il settore della moda, ad esempio. La domanda di alternative alla pelle, alla lana e ad altri materiali di origine animale sta spingendo l'innovazione nei tessuti. Aziende stanno sviluppando pelli vegane da ananas, funghi e persino scarti di vino. Questo non solo sta creando nuovi posti di lavoro e opportunità di business, ma sta anche portando a progressi tecnologici che potrebbero avere applicazioni in altri settori.

Il settore dei cosmetici e della cura personale sta anch'esso subendo una trasformazione guidata dalla domanda di prodotti vegani e cruelty-free. Grandi marchi stanno riformulando i loro prodotti per soddisfare questa domanda, mentre nuove aziende vegane stanno emergendo e conquistando quote di mercato significative. Questo cambiamento sta influenzando l'intera catena di approvvigionamento, dalla ricerca e sviluppo alla produzione e al marketing.

Un altro settore che sta sentendo l'impatto del veganismo è quello farmaceutico. La crescente riluttanza a utilizzare prodotti testati su animali sta spingendo le aziende farmaceutiche a investire in metodi di test alternativi. Questo non solo ha implicazioni etiche, ma potrebbe anche portare a metodi di test più accurati ed efficienti, accelerando potenzialmente lo sviluppo di nuovi farmaci.

L'ascesa del veganismo sta anche influenzando il settore agricolo in modi significativi. Mentre la domanda di prodotti animali diminuisce in alcune aree, la domanda di colture proteiche come soia, piselli e lenticchie sta aumentando. Questo sta portando a cambiamenti nell'uso del suolo e nelle pratiche agricole, con potenziali benefici per l'ambiente e nuove opportunità per gli agricoltori.

Dal punto di vista dell'occupazione, il passaggio verso un'economia più vegana sta creando nuovi tipi di lavori. Dalle tecnologie alimentari agli chef vegani specializzati, dai nutrizionisti esperti in diete vegetali ai consulenti di sostenibilità, stanno emergendo nuove carriere che non esistevano un decennio fa.

Il veganismo sta anche influenzando il settore degli investimenti. L'investimento etico e sostenibile sta guadagnando terreno, con sempre più investitori che cercano opportunità in aziende allineate con i valori vegani. Questo sta portando a un flusso di capitale verso industrie e tecnologie più sostenibili, potenzialmente accelerando la transizione verso un'economia più verde.

Tuttavia, è importante riconoscere che questa transizione economica non è senza sfide. Le industrie tradizionali basate sui prodotti animali stanno affrontando pressioni crescenti. Gli allevatori, ad esempio, potrebbero dover adattarsi a un panorama in evoluzione, forse diversificando in colture proteiche o trovando nuovi modi per utilizzare la loro terra. I politici e gli economisti dovranno considerare come gestire questa transizione in modo da minimizzare le perturbazioni economiche.

C'è anche la questione dell'accessibilità economica. Mentre i prodotti vegani diventano sempre più mainstream, c'è ancora un divario di prezzo in molte categorie. Colmare questo divario sarà cruciale per garantire che i benefici di un'economia più vegana siano accessibili a tutti, non solo a una nicchia di consumatori benestanti.

Un altro aspetto da considerare è l'impatto del veganismo sulle economie dei paesi in via di sviluppo. Molti di questi paesi dipendono fortemente dall'esportazione di prodotti animali. Man mano che la domanda globale si sposta verso alternative vegetali, questi paesi potrebbero dover adattare le loro economie. Tuttavia, questo potrebbe anche presentare nuove opportunità, come la coltivazione di colture proteiche o lo sviluppo di nuove industrie basate su piante.

Il veganismo sta anche influenzando il settore dei servizi. I ristoranti stanno ampliando le loro offerte vegane, le compagnie aeree stanno introducendo menu vegani, gli hotel stanno offrendo opzioni di biancheria e toiletterie vegane. Questo non solo sta creando nuove opportunità di business, ma sta anche normalizzando le scelte vegane in tutti gli aspetti della vita quotidiana.

Guardando al futuro, l'impatto economico del veganismo probabilmente continuerà a crescere. Man mano che le preoccupazioni sul cambiamento climatico e la sostenibilità diventano più urgenti, possiamo aspettarci che i governi introducano politiche che favoriscano industrie più sostenibili e basate su piante. Questo potrebbe accelerare ulteriormente la transizione economica già in corso.

In conclusione, l'ascesa del veganismo non è solo un cambiamento culturale o dietetico; è una forza economica che sta ridisegnando industrie, creando nuovi mercati e spingendo l'innovazione in modi che avranno ripercussioni ben oltre il mondo del cibo. Mentre navighiamo in questa transizione, sarà cruciale bilanciare le opportunità economiche con le sfide, garantendo che i benefici di un'economia più vegana siano distribuiti equamente e che nessuno venga lasciato indietro.

Il veganismo ci sta offrendo un'opportunità unica di ripensare non solo cosa mangiamo, ma come strutturiamo le nostre economie e le nos

Pillola 15: L'Importanza di Educare e Sensibilizzare: Come Diventare un Ambasciatore del Veganismo

Il veganismo è più di una semplice scelta alimentare; è un movimento che ha il potenziale di trasformare il nostro rapporto con il cibo, gli animali e l'ambiente. Ma per realizzare appieno questo potenziale, c'è bisogno di educazione e sensibilizzazione. In questa pillola finale, esploreremo l'importanza di diventare ambasciatori del veganismo e come possiamo farlo in modo efficace e positivo.

Innanzitutto, è fondamentale comprendere che essere un ambasciatore del veganismo non significa predicare o forzare le proprie convinzioni sugli altri. Si tratta piuttosto di condividere informazioni, ispirare attraverso l'esempio e facilitare conversazioni costruttive. L'obiettivo non è convertire tutti al veganismo dall'oggi al domani, ma piuttosto seminare i semi del cambiamento e incoraggiare le persone a considerare scelte più compassionevoli e sostenibili.

Uno dei modi più potenti per educare gli altri sul veganismo è attraverso il proprio esempio. Vivere una vita vegana felice, sana e appagante è la migliore pubblicità per questo stile di vita. Quando le persone vedono che siete energici, in salute e soddisfatti con la vostra scelta vegana, saranno naturalmente curiosi e più aperti a imparare di più.

La condivisione del cibo è un altro strumento potente per l'educazione vegana. Invitare amici e familiari a provare deliziosi pasti vegani può sfatare il mito che il cibo vegano sia noioso o poco appetitoso. Organizzare cene vegane, portare piatti vegani a eventi sociali o semplicemente condividere le vostre ricette preferite sui social media sono tutti modi per mostrare quanto possa essere varia e deliziosa una dieta basata su piante.

Essere ben informati è cruciale per essere un ambasciatore efficace del veganismo. Dedicate del tempo a educarvi sui vari aspetti del veganismo: l'impatto ambientale dell'allevamento, le questioni etiche legate allo sfruttamento degli animali, i benefici per la salute di una dieta vegana ben pianificata. Più siete informati, più sarete in grado di rispondere alle domande e alle preoccupazioni delle persone in modo calmo e ragionato.

Tuttavia, è importante ricordare che l'obiettivo non è vincere dibattiti, ma aprire menti e cuori. Ascoltare con empatia è altrettanto importante quanto parlare. Cercate di comprendere le preoccupazioni e le obiezioni delle persone al veganismo. Spesso, dietro la resistenza si nascondono paure o misconoscenze che possono essere affrontate con gentilezza e pazienza.

Un approccio efficace è quello di personalizzare il messaggio in base all'interlocutore. Alcune persone potrebbero essere più ricettive agli argomenti sulla salute, altre potrebbero essere più toccate dalle questioni etiche, mentre altre ancora potrebbero essere più interessate all'impatto ambientale. Adattare il vostro messaggio al vostro pubblico può renderlo molto più efficace.

L'uso dei social media e delle piattaforme online può essere un potente strumento per l'educazione vegana. Condividere infografiche informative, video educativi o semplicemente momenti della vostra vita vegana quotidiana può raggiungere un vasto pubblico e ispirare altri a esplorare il veganismo. Tuttavia, è importante mantenere un tono positivo e incoraggiante, evitando contenuti scioccanti o accusatori che potrebbero allontanare le persone.

Partecipare o organizzare eventi vegani nella vostra comunità è un altro modo eccellente per educare e sensibilizzare. Fiere vegane, proiezioni di documentari, workshop di cucina o semplicemente incontri informali per vegani e curiosi possono creare opportunità per l'apprendimento e la condivisione.

Un aspetto importante dell'essere un ambasciatore del veganismo è riconoscere che il cambiamento avviene gradualmente. Incoraggiate e celebrate ogni passo verso scelte più compassionevoli, che si tratti di qualcuno che decide di partecipare al Meatless Monday o che sceglie latte vegetale invece di quello vaccino. Ogni piccolo cambiamento conta e può aprire la strada a trasformazioni più grandi.

Ricordate sempre di praticare la compassione non solo verso gli animali, ma anche verso le persone. Il veganismo è un viaggio personale e ognuno ha il proprio ritmo di cambiamento. Essere pazienti, comprensivi e supportivi può essere molto più efficace che essere giudicanti o aggressivi.

Infine, non sottovalutate il potere della vostra voce nel plasmare le politiche e le pratiche aziendali. Scrivere lettere ai politici locali, firmare petizioni, partecipare a consultazioni pubbliche o semplicemente chiedere più opzioni vegane nei ristoranti e nei negozi locali può contribuire a creare un ambiente più favorevole al veganismo.

In conclusione, diventare un ambasciatore del veganismo è un ruolo potente e gratificante. Con pazienza, compassione e una solida base di conoscenze, ognuno di noi può contribuire a creare un mondo più consapevole, compassionevole e sostenibile. Ricordate, ogni conversazione che avete, ogni pasto che condividete, ogni scelta che fate è un'opportunità per educare e ispirare. Il cambiamento inizia con noi, un'interazione alla volta.

Conclusione: Il Potere delle Scelte Etiche per Cambiare il Mondo

Siamo giunti alla fine di questo viaggio attraverso le molteplici sfaccettature del veganismo etico. Abbiamo esplorato come questa filosofia di vita vada ben oltre una semplice scelta alimentare, toccando aspetti profondi della nostra relazione con gli animali, l'ambiente, la nostra salute e persino l'economia globale. Ma ora è il momento di tirare le fila, di riflettere su ciò che abbiamo appreso e di guardare al futuro con occhi nuovi e cuori aperti.

Il veganismo etico si presenta a noi non come una restrizione, ma come un'espansione: un'espansione della nostra cerchia di compassione, della nostra consapevolezza e del nostro impatto positivo sul mondo. Attraverso le pillole che abbiamo esplorato, abbiamo visto come ogni aspetto della nostra vita possa essere trasformato da questa scelta consapevole.

Abbiamo iniziato il nostro percorso esaminando l'impato ambientale dell'allevamento intensivo. Abbiamo scoperto come la produzione di carne e latticini sia uno dei maggiori contributori al cambiamento climatico, alla deforestazione e all'inquinamento delle acque. Ma abbiamo anche visto come il veganismo offra una potente soluzione individuale a questi problemi globali. Ogni pasto vegano è un voto per un pianeta più sano, una dichiarazione che possiamo nutrirci senza distruggere la nostra casa comune.

Ci siamo poi immersi nella realtà della sofferenza animale nell'industria alimentare. Abbiamo guardato oltre le immagini idilliche di fattorie felici per vedere la verità spesso nascosta delle pratiche di allevamento intensivo. Il veganismo si è rivelato non solo una scelta dietetica, ma un rifiuto attivo di partecipare a un sistema che tratta gli esseri senzienti come merci. È un'affermazione del valore intrinseco di ogni vita.

Abbiamo esplorato i benefici per la salute di una dieta vegana ben pianificata, sfatando miti e misconcezioni lungo il cammino. Abbiamo visto come il veganismo possa non solo prevenire molte malattie croniche, ma anche promuovere un senso generale di benessere e vitalità. Questo ci ricorda che prenderci cura degli altri e del pianeta va di pari passo con il prenderci cura di noi stessi.

Il nostro viaggio ci ha portato a esplorare le connessioni tra veganismo e giustizia sociale. Abbiamo scoperto come le nostre scelte alimentari abbiano ripercussioni su questioni di equità globale, diritti dei lavoratori e sicurezza alimentare. Il veganismo è emerso come una forma di attivismo quotidiano, un modo per allineare le nostre azioni con i nostri valori di giustizia e uguaglianza.

Abbiamo affrontato le sfide sociali che i vegani possono incontrare e abbiamo esplorato strategie per navigare queste acque a volte difficili. Abbiamo imparato l'importanza della pazienza, dell'umorismo e della compassione non solo verso gli animali, ma anche verso le persone che potrebbero non comprendere o condividere le nostre scelte.

Ci siamo avventurati nel mondo della moda e dello stile di vita vegano, scoprendo come il veganismo influenzi ogni aspetto della nostra vita quotidiana, dall'abbigliamento ai cosmetici. Abbiamo visto come l'innovazione e la creatività stiano trasformando industrie intere, offrendo alternative etiche e sostenibili senza compromettere lo stile o la qualità.

Abbiamo esaminato il veganismo come movimento di consumo sostenibile, riconoscendo il potere delle nostre scelte di acquisto nel plasmare il mondo che ci circonda. Ogni euro speso è un voto per il tipo di mondo in cui vogliamo vivere, e il veganismo ci offre l'opportunità di votare per un futuro più sostenibile e compassionevole.

Abbiamo esplorato come il veganismo possa contribuire a ridurre la fame nel mondo, sfidando la nozione che abbiamo bisogno di prodotti animali per nutrire una popolazione globale in crescita. Abbiamo visto come un sistema alimentare basato su piante possa essere più efficiente, equo e capace di nutrire più persone con meno risorse.

Ci siamo immersi nell'impatto profondo che il veganismo può avere sul nostro benessere mentale. Abbiamo scoperto come vivere in armonia con i nostri valori possa portare a una maggiore pace interiore e a un senso di connessione con il mondo che ci circonda.

Abbiamo sfatato miti e stereotipi comuni sul veganismo, armandoci di fatti e ragionamenti per affrontare le critiche e le misconcezioni con grazia e conoscenza.

Abbiamo esaminato criticamente l'industria dei latticini, scoprendo come il latte, lungi dall'essere l'alimento innocuo che ci è stato insegnato a credere, comporti significative questioni etiche, ambientali e di salute.

Abbiamo esplorato il ruolo cruciale che le politiche pubbliche possono giocare nel promuovere e sostenere il veganismo, riconoscendo che il cambiamento individuale e il cambiamento sistemico devono andare di pari passo.

Abbiamo offerto una guida pratica per la transizione verso una vita vegana, riconoscendo che ogni viaggio è unico e che la chiave del successo sta nella gradualità, nella pazienza e nella gentilezza verso sé stessi.

Abbiamo esaminato l'impatto del veganismo sull'economia globale, vedendo come questo movimento stia ridisegnando industrie intere e creando nuove opportunità economiche.

Infine, abbiamo esplorato l'importanza di essere ambasciatori del veganismo, condividendo la nostra passione e le nostre conoscenze in modo positivo e ispirante.

Attraverso tutto questo, emerge un tema centrale: il potere delle nostre scelte quotidiane. Ogni pasto, ogni acquisto, ogni conversazione è un'opportunità per fare la differenza. Il veganismo ci ricorda che non siamo spettatori passivi nel mondo, ma attori con il potere di influenzare il corso della storia attraverso le nostre azioni quotidiane.

Ma il veganismo non è solo una serie di "no" - no alla carne, no ai latticini, no allo sfruttamento animale. È soprattutto una serie di "sì": sì alla compassione, sì alla sostenibilità, sì alla salute, sì alla giustizia. È un'affermazione del nostro potere di creare un mondo migliore attraverso le nostre scelte.

Guardando al futuro, è chiaro che il veganismo ha un ruolo cruciale da giocare nell'affrontare alcune delle sfide più pressanti del nostro tempo. Dal cambiamento climatico alla resistenza agli antibiotici, dalla perdita di biodiversità alla sicurezza alimentare globale, il veganismo offre soluzioni pratiche e potenti.

Ma perché il veganismo realizzi appieno il suo potenziale trasformativo, deve essere accessibile e attraente per un pubblico più ampio. Questo significa lavorare per rendere le opzioni vegane più convenienti e disponibili. Significa sfidare gli stereotipi e mostrare quanto possa essere delizioso, nutriente e soddisfacente uno stile di vita vegano. Significa educare e ispirare, non giudicare o predicare.

Il futuro del veganismo è luminoso e pieno di possibilità. Con l'avanzare della tecnologia alimentare, possiamo aspettarci alternative vegetali sempre più convincenti e gustose. Con la crescente consapevolezza dei consumatori, possiamo prevedere una domanda sempre maggiore di prodotti e servizi allineati con i valori vegani. Con l'urgenza crescente di affrontare la crisi climatica, possiamo anticipare politiche che favoriscano diete basate su piante.

Ma il vero potere del veganismo risiede nella sua capacità di trasformare non solo il nostro mondo esterno, ma anche il nostro mondo interiore. Adottare uno stile di vita vegano ci invita a riflettere profondamente sui nostri valori, sulle nostre scelte e sul nostro posto nel mondo. Ci sfida a espandere la nostra cerchia di compassione, a pensare in modo critico alle norme sociali e a vivere in modo più consapevole e intenzionale.

Il veganismo ci ricorda che siamo parte di una rete di vita interconnessa, non separati o superiori ad essa. Ci invita a vedere il mondo attraverso gli occhi degli altri - degli animali, delle persone meno fortunate, delle generazioni future. In un mondo spesso caratterizzato da divisioni e conflitti, il veganismo offre una filosofia di unità e interconnessione.

Mentre concludiamo questo viaggio attraverso le molteplici dimensioni del veganismo, è importante ricordare che questo non è la fine, ma piuttosto l'inizio di un nuovo capitolo. Ogni persona che abbraccia il veganismo, anche solo parzialmente, contribuisce a un movimento globale che sta ridefinendo il nostro rapporto con il cibo, gli animali e il pianeta.

Il veganismo ci offre una visione di un mondo più compassionevole, sostenibile e sano. Un mondo in cui la nostra tavola riflette i nostri valori più profondi. Un mondo in cui la gentilezza verso tutti gli esseri senzienti è la norma, non l'eccezione. Un mondo in cui le nostre scelte alimentari nutrono non solo i nostri corpi, ma anche le nostre anime e il nostro pianeta.

Ma realizzare questa visione richiede più di semplici cambiamenti individuali. Richiede un movimento collettivo, un cambiamento culturale profondo. Richiede che ognuno di noi diventi un ambasciatore di questo nuovo modo di vivere, condividendo non solo informazioni, ma anche la gioia e la soddisfazione che derivano dal vivere in armonia con i nostri valori.

Ricordiamo sempre che il veganismo non è un club esclusivo o una competizione per la perfezione. È un invito aperto a tutti a fare scelte più consapevoli e compassionevoli, nel proprio tempo e modo. Ogni pasto vegano, ogni prodotto cruelty-free scelto, ogni conversazione che apre nuove prospettive è un passo nella giusta direzione.

Mentre andiamo avanti, portiamo con noi la consapevolezza che le nostre scelte quotidiane hanno un potere immenso. Abbiamo il potere di votare per il mondo che vogliamo vedere ogni volta che ci sediamo a tavola, ogni volta che facciamo acquisti, ogni volta che parliamo con gli altri delle nostre scelte.

Il veganismo ci ricorda che il cambiamento è possibile, che le nostre azioni contano, e che ognuno di noi ha il potere di fare la differenza. Ci invita a sognare in grande, a immaginare un mondo in cui la compassione non ha confini, in cui la sostenibilità è la norma, e in cui la salute del pianeta e di tutti i suoi abitanti è la priorità.

Quindi, mentre chiudiamo questo libro, apriamo i nostri cuori e le nostre menti alle possibilità che il veganismo ci offre. Che questo sia solo l'inizio di un viaggio di scoperta, crescita e trasformazione. Un viaggio verso un futuro più luminoso, più sano e più compassionevole per tutti.

Ricordiamo sempre: ogni scelta conta, ogni azione ha un impatto, e insieme, possiamo cambiare il mondo, un pasto alla volta.

www.ingramcontent.com/pod-product-compliance
Lightning Source LLC
Chambersburg PA
CBHW071035240526
45469CB00006BD/2212